多源遥感图像融合技术

徐其志　聂进焱　韩晓琳　著

科学出版社

北京

内 容 简 介

目前，光学卫星成像已由单传感器成像时代全面进入多传感器成像时代。多源遥感图像融合技术是光学卫星多传感器成像应用的关键核心技术，在遥感制图、图像判读、图像解释等应用中发挥着基础性作用。本书系统地介绍了遥感图像融合的研究背景、概念内涵和主要方法，包括多源遥感图像融合评价方法、宽幅多源光学遥感图像配准方法、全色与多光谱图像高保真融合方法、全色与高光谱图像高保真融合方法、多光谱与高光谱图像高保真融合方法，并给出了大量的实验分析与示例。本书取材广泛、理论与应用密切结合，对光学遥感图像融合应用与研究具有很好的指导意义。

本书可为科研院所、高等院校从事遥感图像融合研究与应用工程技术人员、教学科研人员提供参考。

图书在版编目（CIP）数据

多源遥感图像融合技术 / 徐其志，聂进焱，韩晓琳著. — 北京：科学出版社，2023.5

ISBN 978-7-03-075062-4

Ⅰ. ①多… Ⅱ. ①徐… ②聂… ③韩… Ⅲ. ①遥感图像－图像处理－研究 Ⅳ. ①TP751

中国国家版本馆 CIP 数据核字（2023）第 037890 号

责任编辑：王 哲 / 责任校对：胡小洁
责任印制：师艳茹 / 封面设计：迷底书装

科 学 出 版 社 出版
北京东黄城根北街 16 号
邮政编码：100717
http://www.sciencep.com

艺堂印刷（天津）有限公司 印刷

科学出版社发行　各地新华书店经销

*

2023 年 5 月第 一 版　开本：720×1 000　1/16
2023 年 5 月第一次印刷　印张：11 1/4　插页：12
字数：230 000

定价：149.00 元

（如有印装质量问题，我社负责调换）

序

遥感技术是从远距离感知目标反射或自身辐射的电磁波、可见光、红外线等，从而对目标进行探测和识别的技术，遥感图像不仅是一种广泛使用的遥感信息载体，也是人类获取信息的主要途径。单一传感器采集的信息往往是孤立的、片面的，因此随着航天技术、电子计算机技术的持续发展，尤其是近年来智能无人系统技术的突飞猛进，多源遥感图像融合技术得到了快速发展。

当前，随着人工智能的崛起，遥感图像融合也搭上了这趟顺风车，多源遥感图像融合技术的理论和实践都得到了巨大提升，取得了一个又一个亮眼的成果。凭借着深度学习算法的突出表现和良好通用性，其在越来越广阔的实际应用中发挥着重要作用。多源遥感图像融合技术推动着工程应用的发展，而工程应用也不断提出新的要求，不同传感器源图像存在各自特点，单一算法难以对所有类型样本数据表现出强鲁棒性。

该书作者结合多年来从事多源遥感图像融合技术的实践，通过持续的学习和探索，发现并解决了多个重大工程的实际难题。作者将其团队多年来累积的方法和实践经验凝聚成该书，书中既考虑了深度学习领域的一般技术问题，也考虑了图像处理应用的特殊性，这是挺不容易的。希望能给读者提供一些学习的参考。

该书从图像匹配和图像融合概述讲起，又分别介绍了不同类型的图像融合方法，内容通俗易懂，结构清晰，便于读者阅读。作者为此付出的努力是显而易见的。例如，书中对于不同多源数据融合的不同方法分别进行了阐述，对每个算法的原理、实现流程和实验分析都进行了清晰的介绍，能够帮助初学者快速入门，也能够给资深学者一些参考经验。该书既体现了作者多年的理论知识积累，也包含了其应用过程中的实践经验，十分难得。在还没有太多依据应用讲解的融合类书籍及资料的当下，该书的出现正当其时，值得仔细品味。

目前，深度学习技术、图像处理算法以及各类平台应用技术都在以极快的速度向前发展。随之而来的是更多的机遇和更大的挑战，在与具有更高性能计算平台的结合和发展上还有很多的工作要做。我们也将看到越来越多的年轻学者加入这个大家庭中，为推动该领域的快速进步贡献自己的力量，这是令人十分欣喜的。可以预见，未来这些工作将会越来越多地走进我们的生活中。我也期待作者将来在该领域做出更多的贡献，期待他们能够向广大读者分享更多值得学习的内容。

邓宏彬

北京理工大学机电学院教授

2023 年 4 月

前　言

多源遥感图像融合是涵盖卫星遥感、数据融合、机器学习等多学科的交叉研究领域。作为遥感领域的重要研究方向，多源遥感图像经过融合处理，形成一幅多源信息互补融合图像，在图像判读、图像解译、遥感制图等应用中发挥着"一加一大于二"的作用。自 20 世纪 80 年代以来，研究人员对遥感图像融合进行了长期的研究和探索，不断地涌现出新思维、新方法和新技术，推动遥感图像融合领域不断向前发展。

作者长期从事遥感图像融合科研与教学工作，结合自身科研成果撰写了本书。本书系统地阐述了遥感图像融合相关的理论与方法，共 6 章，主要内容包括：

第 1 章——绪论，阐述了多源遥感图像配准及融合的研究意义，概述了图像配准与融合的一般步骤和国内外研究现状。

第 2 章——多源遥感图像融合评价方法，介绍了图像配准和图像融合的主观评价方法和客观评价方法，指出了实际应用中主观评价需要注意的事项。

第 3 章——宽幅多源光学遥感图像配准方法，介绍了宽幅多源光学遥感图像配准存在的问题，提出了基于斑点尺度与斑点纹理约束的宽幅遥感图像配准方法、DoG 与 VGG 网络结合的遥感图像配准方法，实现了全色与多光谱图像的精确配准。

第 4 章——全色与多光谱图像高保真融合方法，提出了基于整体结构信息匹配的高保真融合方法、基于像素分类与比值变换的高保真融合方法和基于生成对抗网络的高保真融合方法，实现了全色与多光谱图像的高保真融合。

第 5 章——全色与高光谱图像高保真融合方法，针对缺乏理想融合图像作为监督真值的难题，提出了基于残差网络的图像融合方法和基于生成对抗网络的图像分层融合方法，实现了全色与高光谱图像的高保真融合。

第 6 章——多光谱与高光谱图像高保真融合方法，提出了基于稀疏表示与双字典的多光谱与高光谱图像融合方法和基于多路神经网络学习的多光谱与高光谱图像融合方法，实现了多光谱与高光谱图像的高保真融合。

本书第 1～4 章由徐其志撰写，第 5 章由聂进焱撰写，第 6 章由韩晓琳撰写。本书内容既包含了作者多年来的科研成果，同时也参考了大量图像融合相关的文献，在此向科研文献的作者致以崇高的敬意。在本书的撰写过程中，空天智能计算实验室的李媛、武扬、王殊晨、孔子阳、王少杰、李明锴、刘贺滨等研究生做了大量的工作，在此表示感谢。

　　本书的出版得到了国家自然科学基金"基于语义嵌入与图卷积网络的遥感图像群目标识别方法"(61972021)和"基于精化成像模型的高光谱卫星三维融合图像生成方法"(61672076)的资助和支持。

　　由于作者的学识水平和时间有限,本书难免存在一些疏漏和不妥之处,敬请各位专家和读者批评指正。

作　者

2023 年 4 月

目　　录

彩图

第1章 绪 论

1.1 多源图像融合的意义

图像是一种广泛使用的信息载体,统计表明人类从外界获取的信息 80%以上来自于视觉图像[1]。随着信息技术和信息产业的快速发展,人类社会已全面进入信息化时代,数字图像已成为人类活动所涉及信息的主要来源。数字图像具有信息量大、直观形象、便于传输存储和容易理解等优点,其应用领域涉及经济建设、社会发展、国防安全的各个层面,在推动经济社会发展、改善生活水平方面起到了重要促进作用[2]。总体而言,生态治理、防灾减灾、精细农业、国防安全、海洋开发等领域均需要高分辨率图像作为媒介[3]。

遥感技术最早出现于 20 世纪 60 年代,通过远距离对地观测采集探测物体反射、辐射或散射的电磁波信息,然后对采集的信息进行解译[4]。传感器是遥感系统的关键构成部分,主要探测与采集目标的电磁信息。由于单一传感器采集的信息不能充分反映观测目标的特性,为了获取更为丰富的观测信息,卫星往往搭载多个不同类型的传感器,以便采集到丰富的电磁信息[5]。遥感系统的传感器可分为无源传感器和有源传感器两类。其中,无源传感器自身不发射电磁波,仅接收自然来源的辐射电磁波,例如,接收地表物体反射的太阳电磁波[6];有源传感器具有内置的辐射源,观测对象被动接收传感器的辐射,而传感器再次接收并记录反射至传感器的辐射。目前,遥感系统通常采用数字化形式记录传感器接收辐射信息,并被处理成为可视化图像数据[7]。

目前,光学卫星成像已由单传感器成像时代全面进入多传感器成像时代。2000年,欧美等国家和地区的光学卫星正式步入多传感器同时相成像时代,发射了包括EO-1、QuickBird、GeoEye-1、WorldView-2/3/4、Landsat-8、Sentinel-2 和 Pleiades等在内一系列光学卫星,均同时相采集不同光谱波段的遥感图像数据,如表 1.1 所示。同时,我国空间对地观测事业已经进入一个快速发展的黄金时期。在《国家中长期科学和技术发展规划纲要(2006-2020 年)》战略部署中,高分辨率对地观测系统被列为国家重大科技专项之一,该专项建成了服务国家战略和经济社会发展的高分辨率对地观测系统,确保了对地观测信息资源的自主权。自 2010 年以来,我国已发射了大量同时搭载全色和多光谱、高光谱或红外相机的光学卫星,例如,北京一号、高分一号、高分二号、高分四号、高景一号和吉林一号等。这些卫星均可同时相采集不同光谱波段的遥感图像数据。

表 1.1 国内外多传感器光学卫星概况

卫星	国家/机构	发射时间	卫星成像传感器
EO-1	美国	2000 年	全色、多光谱、高光谱
QuickBird	美国	2001 年	全色、多光谱
GeoEye-1	美国	2008 年	全色、多光谱
RapidEye	德国	2008 年	全色、多光谱
WorldView-2	美国	2009 年	全色、多光谱
Pleiades	法国	2011 年	全色、多光谱
Landsat-8	美国	2013 年	全色、多光谱、红外
WorldView-3	美国	2014 年	全色、多光谱、短波红外
Sentinel-2	欧洲航天	2015 年	全色、多光谱、短波红外
WorldView-4	美国	2016 年	全色、多光谱
北京一号	中国	2005 年	全色、多光谱
高分一号	中国	2013 年	全色、多光谱
高分二号	中国	2014 年	全色、多光谱
高分四号	中国	2015 年	全色、多光谱、中波红外
吉林一号	中国	2015 年	全色、多光谱
高分六号	中国	2018 年	全色、多光谱
高分多模	中国	2020 年	全色、多光谱

由于成像传感器以及卫星对地数据传输等客观条件制约，光学卫星成像的空间分辨率与光谱分辨率是一对相互制约物理量，提高成像的空间分辨率，则成像的光谱分辨率受限；同理，提高成像的光谱分辨率，则成像的空间分辨率也受限[8]。因此，光学卫星同时相采集全色与光谱图像时，全色图像的光谱分辨率低而空间分辨率高，多光谱或高光谱图像的光谱分辨率高而空间分辨率低。然而，无论是遥感图像的人工解译判读，还是机器智能分析，均需要利用高分辨的全色与多光谱或高光谱融合图像才能获得理想的应用效果[9]。如图 1.1 所示，利用单一传感器信息，或者分别从多传感器中抽取目标特征再进行特征级或决策级融合，二者均难以取得理想的应用效果。

图 1.1 展示了融合图像的应用优势，全色图像与高光谱图像的空间分辨率分别为 0.8 米与 10 米：若单纯利用全色图像检测车辆目标，由于车辆所占全色像元数量少，其精准检测非常困难；若单纯利用高光谱图像检测车辆目标，由于车辆在高光谱像元中所占比例不足 1%，车辆的特征光谱被地物背景所混淆，其精准检测非常困难；如图 1.2(a) 所示，若从全色与高光谱图像中分别提取车辆的特征，然后采用

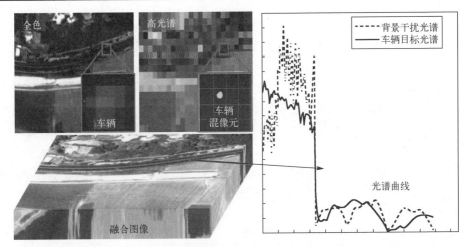

图 1.1　全色与高光谱融合图像检测车辆的优势示意图

特征级或决策级融合检测车辆目标，由于目标检测模型不能"同步"利用"全色图像中车辆的几何特征"与"高光谱图像中车辆的光谱特征"，车辆目标的检测准确率依然受限；但是，如图 1.2(b)所示，若利用融合图像方法对全色与高光谱图像进行融合处理，在此基础上对融合像进行车辆目标检测，则能精准地从融合图像中检测车辆目标。因此，如何将不同类型传感器采集的遥感图像合成为一幅"图谱合一"的高分辨率融合图像是目前遥感图像应用的一个核心环节[10-14]。

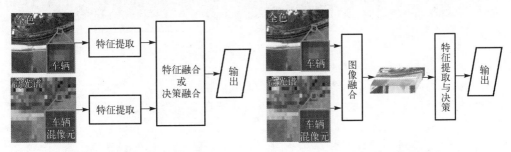

(a) 特征级或决策级融合的应用模式　　　　　(b) 像素级融合的应用模式

图 1.2　全色与高光谱图像的像素级融合应用模式与其他应用模式对比示例

尽管目前已有许多关于遥感图像融合的研究，但现有方法不能同时兼顾光谱色彩保真和空间细节保真要求；同时，卫星对地观测的成像幅宽大，这些方法主要针对小尺寸图像，计算量大，难以满足宽幅图像融合的高时效要求。因此，本书的多源遥感图像融合技术主要致力于全色与光谱图像、多光谱与高光谱图像的高保真融合研究，使融合图像在实际应用中发挥"一加一大于二"的效果，提高光学遥感图像的判读效率和解译准确性。

1.2　遥感图像融合的定义

通常，图像融合划分为像素级[15]、特征级[16]和决策级[17]三个层级。如图 1.3 所示，本书的多源遥感图像融合是指对多源遥感图像进行像素级合成，生成一幅"图谱合一"融合图像。本方法从两个不同视角给出了多源遥感图像融合的定义：①从信息融合的视角，多源遥感图像融合是对不同传感器采集的多源图像进行像素级合成处理，生成一幅高空间分辨率和高光谱分辨率的融合图像；②从图像锐化的视角，多源遥感图像融合是利用高空间分辨率的全色图像来锐化高光谱分辨率的多光谱或高光谱等图像，即将全色图像的空间细节信息"注入"多光谱或高光谱等图像中，达到提高多光谱或高光谱等图像空间分辨率的效果[18, 19]。

(a) 全色图像　　　　　　　　　(b) 多光谱图像　　　　　　　　　(c) 融合图像

图 1.3　全色与多光谱图像融合示例

多源遥感图像经过像素级融合处理，生成一幅高分辨率"图谱合一"图像。为了保证后续分析与处理的准确性，像素级融合图像必须要满足空间细节保真和光谱色彩保真要求。其中，空间细节保真是指融合图像的空间细节与全色图像的空间细节保持一致，否则，融合图像存在空间细节失真；光谱色彩保真是指融合图像的光谱色彩与多光谱图像的光谱色彩保持一致，否则，融合图像存在光谱色彩失真。一般而言，遥感融合图像失真主要存在数据和技术两个方面的原因。在数据方面，如图 1.4 所示，由于成像传感器的非均匀光谱响应，各类融合方法难以合成高保真的低分辨率全色图像，从而产生融合图像的光谱色彩失真与空间细节失真；在技术方面，现有融合方法受到非均匀光谱响应影响，始终在平衡光谱色彩保真与空间细节保真效果，难以实现光谱色彩与空间细节的全面保真。

在处理流程上，如图 1.5 所示，多源遥感图像融合处理包含图像配准和图像融合两个步骤。其中，图像配准主要是将同时相采集的两幅图像在空间上逐像素点精准对齐。图像精确配准是多源遥感图像高保真融合的前提，两幅图像的配准精度直

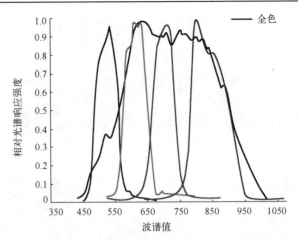

图 1.4 全色图像与多光谱波段的相对光谱响应曲线(见彩图)

接影响着两幅图像的融合保真度。因此,本书既阐述了图像高保真融合技术,还阐述了图像高精度配准技术。

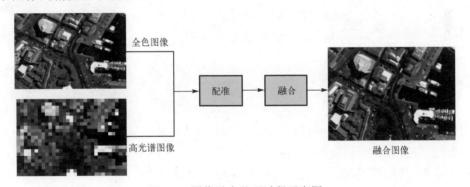

图 1.5 图像融合处理过程示意图

1.3 遥感图像配准方法概述

图像配准就是将不同成像传感器时间、不同成像时相下采集的两幅图像,在空间上逐像素一一对齐的过程[20]。图像配准是遥感图像融合的一个基础性前置步骤,只有精确配准遥感图像才能实现高保真融合处理。然而,遥感图像的高精度配准是一项极为困难的工作,例如,如图 1.6(a)所示,由于成像的视角差异,存在部分高耸建筑配准误差较大的问题;此外,如图 1.6(b)所示,存在部分地物因为成像过饱和而配不准的问题。实际应用中,这两类配准误差往往难以消除,因此一个优秀的融合图像方法应能容忍此类配准误差[18]。下面进一步阐述图像配准的一般步骤、对齐基准的匹配度量以及几何变换模型等要素。

全色图像　　　　多光谱图像　　　　高耸建筑配准误差　　　　配准误差

(a) 高耸建筑配准后依然存在配准误差

全色图像　　　　多光谱图像　　　　过饱和地物对不齐　　　　对齐误差

(b) 过饱和地物配准后存在对不齐现象

图 1.6　多源遥感图像的配准误差示例

1.3.1　遥感图像配准步骤

图像配准经历了几十年的发展，在实际应用过程中取得了长足的进步，但对于不同的应用环境和场景，仍没有一种通用的配准方法可以适用于任何场景。一般而言，多源遥感图像配准需要以下四个步骤。

步骤 1：参照物提取——从参考图像和输入图像中提取用于图像配准的参照物，如角点、边界、轮廓以及斑点等；

步骤 2：参照物匹配——从参考图像和输入图像中分别提取参照物的特征，依据特征的相似程度进行参照物匹配，建立两幅图像中参照物之间的空间对应关系；

步骤 3：变换模型估计——选择能够将参考图像和输入图像空间对齐的几何变换模型，然后利用参照物之间的空间对应关系计算变换模型的参数；

步骤 4：图像重采样——利用变换模型对输入图像进行几何变换，并根据几何变换模型对变换后图像中的像元重新赋值。

参照物提取是多源遥感图像配准的核心步骤。一般而言，优秀的参照物提取方法需要满足以下四个特性：重复性，相同的参照物在输入图像与参考图像中均能找到；区别性，不同参照物可相互区分，从而使相同参照物能够准确地相互匹配；高效性，在同一幅图像中，参照物的数量远小于像元的数量；局部性，仅从参照物所在的局部区域内提取特征即能有效鉴别不同的参照物。

1.3.2 图像几何变换模型

输入图像和参考图像之间的几何变换是图像配准的重要环节。在实际应用中，输入图像和参考图像之间的几何变换关系往往非常复杂，不仅包括图像对应场景的变化，也包括成像引起的变化。因此，几何变换模型的选择需综合考虑成像条件、拍摄场景等方面的因素，使选择的模型尽可能真实地反映两幅图像之间的几何变换关系。一般而言，几何变换模型可分为全局变换模型和局部变换模型。其中，全局变换模型利用全图中所有的同名点来估计一个映射函数，是对整幅图像进行的变换；局部变换模型对图像的局部区域利用不同的映射函数来表示，在变换之前往往将图像分割为多个小块，对不同的小块采用不同的变换函数进行配准，在一些存在局部形变的配准图像中应用较多。下面介绍常用的几何变换模型，并分析其适用范围。

(1)刚体变换

刚体变换(Rigid Transformation)是指变换前后两点之间距离保持不变的变换模型。一般而言，刚体变换可分解为平移、旋转、镜像(即反转)。在二维图像中，刚体变换的计算方法如下

$$\begin{bmatrix} x' \\ y' \\ 1 \end{bmatrix} = \begin{bmatrix} \cos\theta & -\sin\theta & t_x \\ \sin\theta & \cos\theta & t_y \\ 0 & 0 & 1 \end{bmatrix} \begin{bmatrix} x \\ y \\ 1 \end{bmatrix} \tag{1-1}$$

其中，(x,y) 和 (x',y') 分别为输入图像和参考图像上对应的同名点坐标，t_x 表示 x 方向偏移量，t_y 表示 y 方向偏移量，θ 表示旋转角度。刚体变换矩阵具有 3 个自由度，刚体变换可通过至少 2 对控制点来计算。

(2)仿射变换

仿射变换(Affine Transformation)是指变换前后直线间的平行关系保持不变的变换模型，其可分解为平移、旋转、缩放、剪切等操作。在二维图像中，仿射变换的计算方法如下

$$\begin{bmatrix} x' \\ y' \\ 1 \end{bmatrix} = \begin{bmatrix} a_0 & a_1 & a_2 \\ b_0 & b_1 & b_2 \\ 0 & 0 & 1 \end{bmatrix} \begin{bmatrix} x \\ y \\ 1 \end{bmatrix} \tag{1-2}$$

其中，(x,y) 和 (x',y') 分别为输入图像和参考图像上对应的同名点坐标，a_0、a_1、b_0、b_1 表示旋转、缩放、剪切等变化的组合参数，a_2 和 b_2 分别表示 x 和 y 方向上的偏移量。仿射变换矩阵具有 6 个自由度，可利用 3 对以上的不共线控制点进行解算。

(3)投影变换

投影变换(Projective Transformation)，又称为透视变换。投影变换将直线映射为直线，但平行的两条直线在投影变换后不保持平行关系，且直线的长度和相交直线

的角度会发生变化。在二维图像中，投影变换的计算方法如下

$$\begin{bmatrix} x' \\ y' \\ 1 \end{bmatrix} = \begin{bmatrix} \theta_0 & \theta_1 & \theta_2 \\ \theta_3 & \theta_4 & \theta_5 \\ \theta_6 & \theta_7 & \theta_8 \end{bmatrix} \begin{bmatrix} x \\ y \\ 1 \end{bmatrix} \tag{1-3}$$

投影变换矩阵具有 8 个自由度，其中，$\theta_1 \sim \theta_8$ 为投影变换的参数，可利用 4 对以上的不共线控制点进行解算。

(4)多项式变换

多项式变换是一种非线性变换(Nonlinear Transformation)，图像中直线经过多项式变换后可以不保持直线形态。多项式变换往往用于具有全局性相对畸变的图像配准，以及图像整体近似刚体变换而局部有微小形变的图像配准。在二维图像中，多项式变换的计算方法如下

$$\begin{cases} x' = \sum_{i=0}^{n} \sum_{j=0}^{n} a_{ij} x^i y^j \\ y' = \sum_{i=0}^{n} \sum_{j=0}^{n} b_{ij} x^i y^j \end{cases} \tag{1-4}$$

其中，n 为所需拟合多项式的最高次数。为了保证计算速度，实际中多项式变换一般均采用二次以下，一次多项式模型就是仿射变换模型。

1.3.3 图像的插值重采样

在确定了输入图像与参考图像之间的几何变换模型以及参数以后，需要对输入图像进行插值重采样操作，得到与参考图像各个像元一一对齐的、配准的输入图像。图像插值重采样是图像配准操作最后一个关键环节，对图像配准精度也有重要影响。如图 1.7 所示，图像的插值重采样方法通常可以分为直接法和间接法两类方法。

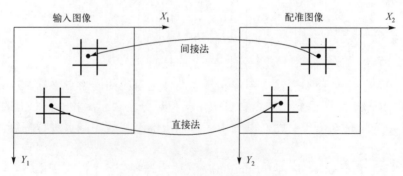

图 1.7 图像插值重采样示意图

直接法又称为前向法,主要从输入图像的像素点坐标出发,首先利用几何变换模型解算得到配准图像上对应的像素点坐标,然后将输入图像各个像素的像素值赋给配准图像。一般而言,直接法存在"多对一"或"零对一"的问题。"多对一"问题,即输入图像上多个像素点映射到配准图像上同一个像素点,因重复插值引发图像空间细节失真;"零对一"问题,输入图像上没有像素点映射到配准图像上的某个像素点,造成配准图像无赋值而产生孔洞。间接法又称为后向法,主要从配准图像的像素点坐标出发,首先利用几何变换模型逆向解算得到输入图像上对应的像素点坐标,然后在输入图像上采用像素插值方法计算该像素点的像素值,并将该像素值赋给配准图像的像素点。与直接法相比,间接法不存在"多对一"与"零对一"的问题,因此在图像的插值重采样中被广泛应用。

在间接法中,图像插值重采样逆向解算的像素坐标往往是一个亚像素坐标(简称插值点),因此需要采用图像插值获取亚像素坐标的像素值。一般而言,常用插值方法主要有最近邻插值法、双线性插值法和双三次插值法。其中,最近邻插值法是最简单的插值方法,插值点的像素值是其最邻近像素点的像素值。最近邻插值法计算速度快,但是存在空间细节损失,增大了图像配准误差。双线性插值法主要利用四个邻近点像素值的双线性加权计算得到插值点的像素值,避免了最近邻插值法空间细节损失。双线性插值法的计算复杂度和插值精度适中,图像配准大多采用双线性插值。令当前插值点的坐标为 (x,y),其四邻近点的像素坐标分别为 $(0,0)$、$(0,1)$、$(1,0)$、$(1,1)$,则双线性插值的计算方法如下

$$I(x,y)=I(0,0)(1-x)(1-y)+I(1,0)x(1-y)+I(0,1)(1-x)y+I(1,1)xy \qquad (1\text{-}5)$$

1.3.4 遥感图像配准方法

目前,图像配准方法的研究历史较长,已有配准方法极为丰富。在文献[21]中,遥感图像配准方法主要分为两大类:基于相似性度量的配准方法和基于特征的配准方法。其中,基于相似性度量的配准方法主要包括相位相关配准方法[22, 23]和互信息配准方法[24, 25]。但是,现有相似性度量的配准方法仅考虑了图像灰度的统计分布,并未利用图像的空间结构信息,因此这类方法存在着极大局限性,主要用于结构信息不丰富的医学图像配准。基于特征的配准方法主要包括基于边缘特征的配准方法、基于区域特征的配准方法、基于点特征的配准方法和基于深度学习的配准方法。目前,这类方法已在实际中广泛应用,并且取得了良好的应用效果。

(1)基于边缘特征的配准方法

边缘代表了图像中的大部分本质结构,可以用于表征图像的内容,而且利用边缘可以恢复原始的图像[26]。此外,边缘受光照等影响导致灰度变化不敏感,目前有许多成熟的边缘检测算法可以利用,且边缘检测计算量较小,因此,边缘特征是一

个性质较好的配准特征。文献[27]首先提取图像的边缘，然后滤掉杂乱的边缘并增加边缘的宽度，最后对边缘图像进行相关性匹配。文献[28]首先提取图像的边缘，并用链码描述边缘，然后利用链码对图像进行配准。在图像结构特征不变的情况下，这类方法可以排除灰度变化对图像配准的干扰，是一种简单实用的图像配准方法，但是对旋转、缩放等几何畸变的适应能力不强。

(2)基于区域特征的配准方法

该类方法的基本思想是对图像进行区域分割，然后通过区域特征在两幅图像之间建立分割块的位置匹配关系。由于矩不变量对图像的旋转、平移、缩放等形变具有不变性，并且可以利用简单的欧氏距离来度量矩特征的相似性，所以，它已成为基于区域特征的图像配准中一种常用的区域统计特征。文献[29]将图像分割区域的质心作为配准控制点，并利用松弛迭代法建立控制点的对应关系，实现了 Landsat 遥感图像的配准。文献[30]将 MSER 区域特征提取方法和 SIFT 特征描述方法结合起来，利用分级策略排除配准干扰点，实现了遥感图像的配准。由于两幅图像的分割区域难以协调一致，往往出现一个分割区域与数个分割区域对应的情况，所以这类方法误匹配率高、鲁棒性较差。

(3)基于点特征的配准方法

该类方法的基本思想是对图像进行特征点检测，然后通过特征点的局部特征在两幅图像之间建立特征点的空间对应关系。基于点特征图像匹配的关键在于提取一定数量的可匹配特征点，如角点、交叉点和斑点等。通常，特征点的选择主要考虑可重复性、独特性、局部性、定位精度和可检测的数量等五个要素[31]。1977年，文献[32]利用图像灰度自相关函数来检测角点，该算子不具备旋转不变性且对噪声非常敏感。1998 年，文献[33]利用微分算子改进了 Moravec 算子，该算子对灰度变化和旋转具有不变性。文献[34]将 Harris 角点算子与高斯尺度空间结合[35]，通过迭代估计特征点的仿射不变性邻域，得到具有仿射不变性的 Harris-Affine 算子。

1999 年，Lowe 结合 Lindeberg 尺度空间理论提出了对尺度变换、仿射、旋转和视角变化具有不变性的 SIFT(Scale Invariant Feature Transform)算子[36, 37]。该算子是特征点配准研究史上的里程碑，被广泛应用于各类图像的配准，例如，Lowe 将 SIFT 算子用于普通数码和视频图像的配准，文献[38]将 SIFT 算子用于遥感图像的配准。考虑到 SIFT 算子的计算量很大，文献[39]于 2006 年提出了 SURF(Speeded Up Robust Features)算子。该算子通过积分图像和 Haar 小波结合，进一步提高了特征点提取与匹配的计算速度。

目前，基于 SIFT 特征的图像配准精确度高、鲁棒性高，已在实际中广泛应用。但是，该方法过于依赖特征点的局部特征和多尺度变换，图像的高斯差分空间往往存在多个极值，后续的特征点的描述和匹配的计算量极大。宽幅遥感图像的相对畸变大，二者配准时，计算量大、特征点的数量多、误匹配率高，因此宽幅遥感图像的配准依然是一个难题。目前，主流专业遥感图像处理软件，如 ENVI 和 ERDAS，依然未提供宽幅遥感图像的自动配准功能。

(4)基于深度学习的配准方法

2015 年，计算机视觉领域研究人员提出了基于深度学习的配准方法[40]，并被逐步引入遥感图像配准研究领域。一般而言，该类方法利用卷积神经网络提取图像间的局部特征，然后对局部特征进行描述，同时构建合理的损失函数确定配准参照物之间的匹配关系。文献[41]设计了一种端对端的网络模型学习局部图像块之间的相似性，同时，利用迁移学习减少了训练重复度。文献[42]利用卷积神经网络提取多模态遥感图像的稠密特征图，并在该特征图上进行特征点检测和特征点描述，可用于几何与灰度差异较大的图像配准。文献[43]将传统深度学习方法与深度学习结合，构建了一种全新的网络结构，有效地提高了光学遥感图像的配准精度。

1.4　遥感图像融合方法概述

目前，光学图像融合方法可分为传统融合方法与深度学习融合方法。传统融合方法主要有分量替换法[44, 45]、比值变换法[46]、频率分解法[47]。传统融合方法原理清晰易懂，计算复杂度低，多适用于同时相的光学图像融合。然而，对于非同时相光学图像，利用传统融合方法处理时，由于拍摄角度与时间不同，难以利用多光谱图像拟合低分辨率全色图像。因此，在处理非同时相图像时，传统融合方法容易出现光谱色彩失真以及空间细节不清晰的问题。深度学习融合方法既适用于同时相光学图像的融合处理，也适用于非同时相光学图像的融合处理，能更好地保持光谱色彩和空间细节不失真[48, 49]。下面分别论述分量替换法、比值变换法、频率分解法和深度学习法的研究现状。

1.4.1　分量替换法

分量替换法是当前应用最为广泛的融合方法。该类融合方法的一般过程如下：首先，利用矩阵变换，如 IHS 变换、PCA 变换、GS 变换等，将多光谱或高光谱图像投影至另一特征空间，得到主特征分量和其他特征分量；其中，主特征分量包含了多光谱图像或高光谱图像的主要空间细节信息；然后，以主特征分量为基准，对全色图像进行直方图匹配，用直方图匹配的全色图像替换主特征分量；最后，进行矩阵逆变换生成融合图像。分量替换法可分为基于 IHS 变换的融合方法[50]、基于 PCA 变换的融合方法[51]、基于 GS 变换的融合方法[45, 52]三类。

(1)基于 IHS 变换的融合方法

1982 年，IHS 变换被引入遥感图像融合中，得到了高分辨率的假彩色融合图像，并在图像融合中广泛应用。如图 1.8 所示，基于 IHS 变换的融合方法首先将多光谱的三个光谱波段由 RGB 色彩空间映射至 IHS 色彩空间，其中，I、H、S 分别代表图像的亮度、色度和饱和度；然后利用全色图像替换 I 分量从而将全色图像的空间细节信息融入多光谱图像；最后利用 IHS 反变换生成融合图像。在各个局部区域，由于多光谱图像的 I 分量与全色图像的平均亮度存在较大差异，融合图像的光谱存在严重的失真。为了提高融合图像的光谱色彩保真度，研究人员提出一系列的方法[53-56]来减少替换分量与被替换分量在各个局部区域的平均亮度差异。

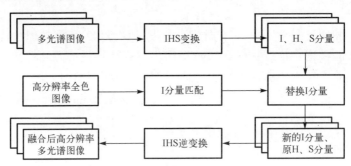

图 1.8　基于 IHS 变换的融合方法

文献[53]提出了一种改进 IHS 变换融合方法，该方法从上采样多光谱图像中提取强度分量，并利用平均能量比和基于小波分解的全色图像与不同多光谱波段之间的相关系数，计算强度分量的加权系数，以实现更多详细信息；2004 年，文献[54]通过加权调整 IKONOS 遥感图像的 R、G、B 和 NIR 四个波段，在一定程度上减小了替换分量与被替换分量的差异，融合图像的光谱色彩保真明显改善，但融合图像部分区域的光谱依然存在严重失真。为此，文献[55]进一步改进了现有的加权融合规则，文献[52]根据 IKONOS 卫星传感器的光谱响应规律设计各光谱波段的加权融合规则。综合而言，上述方法建立的融合规则仅能从整体上刻画图像大部分区域的真实融合情况，因此融合图像的部分局部区域依然存在较大的光谱失真。例如，图 1.9 是文献[56]所展示的融合图像，阴影区域的光谱色彩由暗黑色变为暗蓝色，光谱出现明显失真。

(a)多光谱图像　　　　　　　　　　(b)融合图像

图 1.9　IHS 融合图像存在严重的光谱失真(见彩图)

（2）基于 PCA 变换的融合方法

1989 年，文献[49]利用 PCA 变换来分析和提取 Landsat TM 遥感图像的光谱特性。PCA 变换将多光谱图像映射为多个特征分量，其中，第一特征分量主要反映了多光谱图像中地物的空间分辨率和亮度特性，其他特征分量主要反映了各谱段数据的相对关系。利用全色图像替换第一特征分量可以将高分辨率的结构和细节信息融入多光谱图像。该类方法的不足在于融合图像的纹理细节清晰，但光谱存在较大失真。与 IHS 融合方法类似，PCA 融合方法的光谱色彩保真度同样取决于替换分量（全色图像）与被替换分量（第一主成分）在各个局部区域的平均亮度差异，二者的差异越小，融合图像的保持越好。

由于 PCA 变换融合的光谱波段数量较多，往往难以确定各光谱波段的加权融合规则，现有方法主要通过统计特性匹配的方式[51]，如直方图匹配，来减少替换分量与被替换分量的亮度差异。然而经过统计特性的匹配，在某些局部区域替换分量与被替换分量仍然存在着亮度差异，该差异导致融合图像在这些区域出现严重的光谱失真。因此，研究新的统计特性匹配方法，消除替换分量与被替换分量在各个局部区域的平均亮度差异是基于 PCA 变换图像融合的发展方向。

（3）基于 GS 变换的融合方法

2000 年，文献[57]首次将 GS 变换引入全色与多光谱图像的融合中，提出了基于 GS 变换的图像融合方法，并被著名的遥感图像处理软件 ENVI 所采用。该方法将模拟生成的低分辨率全色图像作为 GS 变换的第一特征分量并依次生成与各光谱波段对应的正交特征分量。然后，将高分辨率全色图像替换第一特征分量并逆变换得到融合图像。由于模拟生成的低分辨率全色图像与高分辨率全色图像在各个局部区域的平均亮度基本相同，所以该类方法的融合效果优于其他基于矩阵分析的图像融合方法。

2006 年，文献[58]根据 IKONOS 卫星平台传感器的光谱响应特性改进了 Laben 提出的模拟低分辨率全色图像的方法，进一步提高了替换分量与被替换分量在各个局部区域相似性。但在部分大小约为 20 像素×20 像素的区域，依然存在严重的光谱失真。例如，如图 1.10 所示，在文献[54]展示的图像融合实验结果中，部分高亮的区域出

(a) 多光谱图像　　　　　　　　　　　　　　　　(b) 融合图像

图 1.10　GS 融合图像的高亮区域存在严重的光谱失真

现明显光谱失真。这些失真是由于该高亮区的替换分量与被替换分量存在较大的亮度差异。

1.4.2　比值变换法

比值变换法的基本思想是将全色图像与比值因子相乘得到融合图像,具体而言,首先计算全色与低分辨率全色图像的比值,然后将上采样多光谱或高光谱图像的各个波段与比值相乘,即可得到融合图像。比值变换法主要有 Brovey 融合方法[59]和基于强度调制的融合方法[60]等。Brovey 融合方法是早期研究人员提出的一种经典图像融合方法,并在部分遥感图像处理软件中使用。该方法在引入全色图像细节纹理信息的同时保持了多光谱图像各波段像素值的比值大小不变,但各波段像素值的绝对大小产生了较大变化,导致融合图像的色彩严重失真。基于强度调制的融合方法认为,在理想条件下,全色图像入射光和反射光的能量分别与多光谱或高光谱图像各波段入射光和反射光的能量近似相等,从而推导出比值因子为多光谱图像与平滑滤波的全色图像像素值之比。该方法的理想条件约束强,实际应用往往难以满足理想条件约束,导致融合图像出现严重的空间细节失真。

文献[61]提出了合成变量比(Synthetic Variable Ratio,SVR)融合方法,是一种改进的比值变换融合方法。UNB 融合方法[62, 63]进一步改进了该方法,并在 PCI 遥感软件中应用。UNB 融合方法首先将待融合的全色与多光谱图像进行直方图均衡化,然后基于统计原理,用最小方差法对全色波段光谱范围覆盖下多光谱波段的灰度值进行最佳匹配,匹配过程中产生的权重与对应波段多光谱相乘并求和来合成一个新的图像。最后计算均衡化的全色图像和合成图像之间的比值,将均衡化的多光谱图像与全色图像相乘得到最终融合结果,其原理如图 1.11 所示。

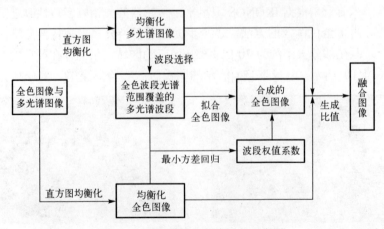

图 1.11　UNB 融合方法原理示意图

1.4.3　频率分解法

频率分解法的重点在于将全色和多光谱图像按频率分解为不同的频率分量，然后根据不同频率分量的特点进行加权融合[64]。典型的频率分解法有金字塔分解融合法[65-68]、小波变换融合法等[69]。通常，该类方法生成的融合图像光谱色彩保真度较好，但纹理细节存在一定程度的失真。

（1）金字塔分解融合法

该类方法的基本思想是对全色和多光谱或高光谱图像分别进行金字塔分解，然后采用不同的策略对金字塔的各层分量进行融合。迄今为止，研究人员提出了大量的基于金字塔分解的图像融合方法。1989 年，文献[64]结合人类视觉系统对局部对比度敏感的特性提出了基于低通比率金字塔变换的图像融合方法；随后，研究人员提出了基于梯度金字塔变换的图像融合方法、基于形态学金字塔变换的图像融合方法、平稳金字塔变换融合方法[65-68]。这些方法提高了融合图像的清晰程度，但在纹理丰富的区域，融合图像的边缘细节仍然存在一定程度的失真。

（2）小波变换融合法

1989 年，小波变换理论作为一种新兴的多分辨分析手段受到了研究人员的高度重视。此后，小波变换作为一种新兴的数学工具被广泛应用于图像融合之中。小波变换是空间域和频率域的局部变换，图 1.12 展示了利用小波变换法进行遥感图像融合处理的过程。小波变换方法可以提取图像中的局部时频信息；但是，对二维图像的时频分解，小波变换方法存在方向分辨率不足的问题，在空间细节丰富的区域，融合图像的纹理边缘出现混叠。

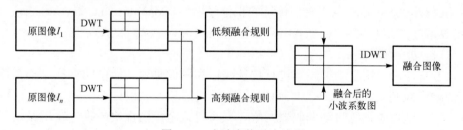

图 1.12　小波变换融合流程

20 世纪 90 年代，文献[69]分别将小波变换应用于 Landsat TM 多光谱图像和 SPOT 全色图像的融合，但融合图像存在大量的"振铃"虚假边缘，该现象被称为 Gibbs 现象。研究人员指出，小波变换的下采样以及方向分辨率不足，产生了频谱混叠，是导致融合图像出现"振铃"虚假边缘现象的重要原因。据此，文献[70]提出了轮廓波变换，改进了二维图像中小波方向受限的问题，有效缓解了"振铃"现象，但由于该方法仍然使用了下采样操作，所以依然存在频谱混叠问题。

为克服该问题，文献[71]提出了基于非下采样轮廓波的融合方法，规避了采样操作，得到了更好的融合结果；文献[72]提出了一种基于内在图像分解和加权最小二乘滤波器的新型混合融合框架，该方法首先通过高斯-拉普拉斯增强算法对全色图像进行锐化，并对进行加权最小二乘滤波，提取高频信息；然后对高光谱图像去模糊，分解为光照和反射分量；最后通过对全色图像的高频信息进行适当折中生成细节图，并将其注入去模糊插值的高光谱图像生成融合图像；文献[73]提出了一种基于视网膜启发模型和多分辨率分析框架的全色锐化方法。文献[74]提出通过小波和曲波变换，来锐化低分辨率多光谱波段。这些方法虽然大幅改善了融合图像的空间细节保真度，但是融合图像的总体质量依然不及分量替换法与比值变换法。

1.4.4　深度学习法

传统融合方法主要利用各类数学变换，如比值变换、矩阵变换或频率分解等，来实现图像融合。然而，这些方法存在明显的局限性。传统融合方法对多源图像采用相同变换来提取特征，未考虑多源图像之间的特征差异；传统融合方法的融合策略过于粗糙，导致融合图像容易出现失真。在此情形下，研究人员将深度学习引入图像融合，以便突破上述局限。与传统融合方法相比，深度学习法具有以下优势：利用不同网络分支分别对全色与多光谱或高光谱图像进行差异化特征提取；在损失函数的指导下，深度网络学习精细化的融合策略，实现图像的高保真融合。这些优势使得深度学习在图像融合中取得了巨大的进步，其性能远远超过了传统融合方法。

目前，深度学习法主要致力于解决图像融合涉及的特征提取、特征融合和图像重建三个子问题。如图 1.13 所示，根据深度网络架构差异，深度学习法可以分为自动编码器(Autoencoder, AE)法、传统卷积神经网络(Convolutional Neural Networks, CNN)法和生成对抗网络(Generative Adversarial Networks, GAN)法。

(1)自动编码器法

该方法通常采用自动编码器进行特征提取和图像重建，而中间特征融合则按照传统的融合规则实现。例如，文献[75]提出了一种基于卷积自动编码器的全色锐化方法。该方法首先训练自动编码器网络以减小退化全色图像块与重建输出原始全色图像块之间的差异；然后，将自适应强度-色调-饱和度调节的强度分量传递到经过训练的卷积自动编码器网络中，生成多光谱图像的增强强度分量，全色锐化使用多尺度引导滤波器从增强的强度分量中锐化全色图像来实现；最后，语义细节被注入上采样的多光谱图像中。

(2)传统卷积神经网络法

该方法通常采用两种不同的方式将卷积神经网络用于图像融合：①采用精心设计的损失函数和网络结构端到端进行特征提取、特征融合和图像重建；②采用经过训练的卷积神经网络来制定融合规则，而特征提取和图像重建则采用传统的方法。

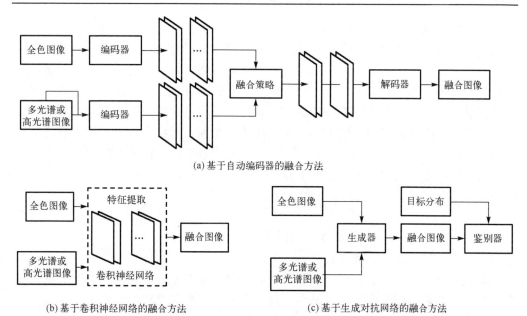

(a) 基于自动编码器的融合方法

(b) 基于卷积神经网络的融合方法　　　　(c) 基于生成对抗网络的融合方法

图 1.13　不同的基于深度学习的融合框架

例如，文献[76]提出了一个新的高光谱全色锐化框架——光谱预测卷积神经网络，其引入了光谱预测结构来增强全色锐化网络的光谱预测能力。文献[77]提出了一种基于多级双注意力引导融合网络的高光谱全色锐化方法。该方法具有三支路网络结构，能够结合每个输入的内在特征和它们之间的相关性。为了融合尽可能多的信息，该网络在多个阶段合并不同分支的特征。其中，具有光谱和空间注意力机制的双注意力引导融合模块能有效识别空间和光谱域中的有用分量，从而提高融合保真度。

（3）生成对抗网络法

该方法依靠生成器和判别器的对抗博弈估计目标的概率分布，以隐式方式联合完成特征提取、特征融合和图像重建。文献[78]提出了一个基于生成双对抗网络的全色锐化框架。该框架采用具有空间细节判别器和光谱色彩判别器的生成对抗网络，将全色锐化问题被表述为一个双重任务。其中，空间细节判别器使融合图像的强度分量与全色图像尽可能一致；光谱色彩判别器则致力于保留原始高光谱图像的光谱信息。通过生成对抗过程，迭代生成高分辨率融合图像。在生成对抗网络框架中，文献[79]的生成器采用了残差稠密网络。该架构通过密集连接和残差连接重新注入先前的信息，避免了在训练网络时面临的梯度消失问题。此外，在生成器的损失函数中，该框架添加了一个正则化项，较好地重建了融合图像的几何形状信息。

此外，还有一些基于混合策略的全色与高光谱图像融合方法。例如，文献[80]提出了一种基于残差编码器-解码器条件生成对抗网络的融合方法。该方法将自动编码器与生成对抗网络相结合，有效地保留了全色和多光谱图像的空间和光谱信息。

首先采用残差编码器-解码器模块提取多尺度特征，生成全色锐化图像，以缓解网络层加深带来的训练难度；然后，为了进一步提高生成器的性能以保存更多空间信息，提出了一个输入全色和多光谱图像的条件判别器网络，使生成的融合图像与参考图像共享相同的分布。文献[81]提出了光谱约束对抗自动编码器来提取高光谱图像的深层特征，并结合全色图像来有效地表示高分辨率高光谱图像的空间信息。特别是在对抗性自编码器网络的基础上，在损失函数中加入光谱约束可以保证光谱的一致性和更高质量的空间信息增强；然后，引入具有简单特征选择规则的自适应融合方法，将来自两个不同传感器的空间信息引入凸优化方程，获得两部分的融合比例，用于生成融合图像。

1.5　主要研究内容

本书主要针对多源遥感图像融合涉及的图像高精度配准、全色与多光谱图像融合、全色与高光谱图像融合，以及多光谱与高光谱图像融合开展研究工作。

第 1 章——绪论。首先，阐述了多源遥感图像融合定义，并从图像判读和解译等应用的角度论述了图像融合的意义；然后，介绍了遥感图像配准与融合的国内外研究现状。

第 2 章——多源遥感图像融合评价方法。首先，阐述了图像配准精度的主观评价方法和客观评价方法；然后，阐述了图像融合保真度的主观评价方法和客观评价方法，并指出了实际应用中融合主观评价需要注意的事项。

第 3 章——宽幅多源光学遥感图像配准方法。首先，从图像自身因素和技术局限性因素两个方面介绍了宽幅多源光学遥感图像配准存在的问题；然后，针对这些问题，提出了基于斑点尺度与斑点纹理约束的宽幅遥感图像配准方法和 DoG 与 VGG 网络结合的遥感图像配准方法，并给出了实验对比分析。

第 4 章——全色与多光谱图像高保真融合方法。首先，从整体结构信息和空间细节信息分解的角度，提出了基于整体结构信息匹配的高保真融合方法；然后，从乘性变换模型的角度，提出了基于像素分类与比值变换的高保真融合方法；最后，结合最新发展的深度学习技术，提出了基于生成对抗网络的高保真融合方法，并给出了上述方法的实验对比分析。

第 5 章——全色与高光谱图像高保真融合方法。首先，将深度学习技术与传统的比值变换模型结合起来，提出了基于残差网络的图像融合方法；然后，将生成对抗学习技术与传统的数据拟合等技术结合起来，提出了基于生成对抗网络的图像分层融合方法，实验表明上述两种方法可以实现全色与高光谱图像的高保真融合。

第 6 章——多光谱与高光谱图像高保真融合方法。首先，综合利用稀疏表示和双字典优化技术，提出了基于稀疏表示与双字典的多光谱与高光谱图像融合方法；

然后，利用深度学习技术，构建了基于多路神经网络学习的多光谱与高光谱图像融合方法，实验表明上述两种方法可以实现多光谱与高光谱图像的高保真融合。

1.6　本章小结

本章首先介绍了多源遥感图像融合概念，以及图像融合对图像判读分析、弱小目标检测识别等实际应用的作用；然后，概述了遥感图像配准与遥感图像融合的国内外发展现状，并指出了当前遥感图像融合研究存在的问题。最后，介绍了本书的主要内容以及各章节的安排。

参 考 文 献

[1]　张良培, 沈焕锋. 遥感数据融合的进展与前瞻. 遥感学报, 2016, 20(5): 1050-1061.

[2]　Han X, Yu J, Sun W. Hyperspectral image super-resolution based on non-factorization sparse representation and dictionary learning//The IEEE International Conference on Image Processing, Beijing, 2017.

[3]　Nencini F, Garzelli A, Baronti S, et al. Remote sensing image fusion using the curvelet transform. Information Fusion, 2007, 8(2): 143-156.

[4]　Rico G, Jensen J. Introductory Digital Image Processing: A Remote Sensing Perspective. Beijing: Science Press, 2007.

[5]　Irvin, Edward M. Remote sensing technology and applications. Optical Engineering, 2002, 41(9): 2075-2083.

[6]　张俊荣, 赵仁宇, 滕叙兖. 航空无源微波遥感器的研制. 遥感学报, 1986, (4): 60-70.

[7]　万珺之. 基于有源定标器的海洋二号高度计系统延迟在轨绝对定标研究. 北京: 中国科学院研究生院, 2015.

[8]　Fan C, Wang L, Liu P, et al. Compressed sensing based remote sensing image reconstruction via employing similarities of reference images. Multimedia Tools and Applications, 2016, 75(19): 1-2.

[9]　Ghassemian H. A review of remote sensing image fusion methods. Information Fusion, 2016, 32: 75-89.

[10]　Hnatushenko V, Vasyliev V. Remote sensing image fusion using ICA and optimized wavelet transform. ISPRS-International Archives of the Photogrammetry, Remote Sensing and Spatial Information Sciences, 2016, XLI-B7: 653-659.

[11]　Yang Y, Wan W, Huang S, et al. Remote sensing image fusion based on adaptive IHS and multiscale guided filter. IEEE Access, 2017, 4: 1.

[12] Han X, Luo J, Yu J, et al. Hyperspectral image fusion based on non-factorization sparse representation and error matrix estimation//2017 IEEE Global Conference on Signal and Information Processing, 2018.

[13] Xu Q, Zhang Y, Li B, et al. Pansharpening using regression of classified MS and Pan images to reduce color distortion. IEEE Geoscience and Remote Sensing Letters, 2015, 12(1): 28-32.

[14] Jong S M, Meer F D, Clevers J. Basics of remote sensing//Remote Sensing Image Analysis: Including the Spatial Domain, 2004: 1-15.

[15] 徐其志, 高峰. 基于比值变换的全色与多光谱图像高保真融合方法. 计算机科学, 2014, 41(10): 4-9.

[16] 许占伟, 张涛. 基于 NCT 的特征级图像融合. 计算机工程, 2011, 37(16): 209-211.

[17] 代作晓, 宣静怡, 龙波. 一种双模决策级图像融合的目标检测方法及设备: CN110674878A. 2020.

[18] Xu Q, Zhang Y, Li B. Recent advances in pansharpening and key problems in applications. International Journal of Image and Data Fusion, 2014, 5(3): 175-195.

[19] Liu Q, Zhou H, Xu Q, et al. PSGAN: a generative adversarial network for remote sensing image pan-sharpening. IEEE Transactions and Geosicence and Remote Sensing, 2020, 59(12): 10227-10242.

[20] Xu Q, Zhang Y, Li B. Improved SIFT match for optical satellite images registration by size classification of blob-like structures. Remote Sensing Letters, 2014, 5(4-6): 451-460.

[21] Brown L G. A Survey of image registration techniques. ACM Computing Surveys, 1992, 24(4): 325-376.

[22] 孙辉, 李志强, 孙丽娜, 等. 基于相位相关的亚像素配准技术及其在电子稳像中的应用. 中国光学与应用光学, 2010, 3(5): 480-485.

[23] Kuglin D, Hines C. The phase correlation image alignment method//IEEE International Conference on Cybernetics and Society, 1975: 163-165.

[24] Collignon A, Maes F, Delaere D, et al. Automated multi-modality image registration based on information theory. Information Processing in Medical Imaging, 1995: 263-274.

[25] Viola P A, Wells W M. Alignment by maximization of mutual information//International Conference on Computer Vision, 1995: 16-23.

[26] James E, Are E. Incomplete. International Journal of Computer Vision, 1999, 34(2): 97-122.

[27] Wang R Y, Sequential scene matching using edge features. IEEE Transactions on Aerospace and Electronic Systems, 1978, 14(1): 128-140.

[28] Tham J Y, Ranganath S, Ranganath M, et al. A novel unrestricted center-biased diamond search algorithm for block motion estimation. IEEE Transactions on Circuits and System for Video Technology, 1998, 8(4): 369-377.

[29] Ton J, Jain A K, Registering landsat images by point matching. IEEE Transactions on Geoscience and Remote Sensing, 1989, 27: 642-651.

[30] Cheng L, Gong J, Yang X, et al. Robust affine invariant feature extraction for image matching. IEEE Geoscience and Remote Sensing Letters, 2008, 5(2): 246-250.

[31] Schmidt C, Mohr R, Bauckhage C. Comparing and evaluating interest points//International Conference on Computer Vision, 1998: 230-235.

[32] Movavec H P. Towards automatic visual obstacle avoidance//The 5th International Joint Conference on Artificial Intelligence, 1997.

[33] Harris C, Stephens M. A combined corner and edge detector//The Alvey Vision Conference, 1988.

[34] Mikolajcayk K, Schmid C. An affine invariant interest point detector//The 8th International Conference on Computer Vision, 2002.

[35] Lindeberg T. Scale-space theory: a basic tool for analyzing structures at different scales. Journal Applied Statistics, 1994, 21(2): 223-261.

[36] Lowe D G. Object recognition from local scale-invariant features//Proceedings of the International Conference on Computer Vision, 1999: 1150-1157.

[37] Lowe D G. Distinctive image features from scale-invariant keypoints. International Journal of Computer Vision, 2004, 60(2): 91-110.

[38] Goncalves H, Corte-Real L, Goncalves J. Automatic image registration through image segmentation and SIFT. IEEE Transactions and Geoscience and Remote Sensing, 2011, 49(7): 2589-2600.

[39] Bay H, Tuytelaars T, Gool L V. SURF: speeded up robust features//Proceedings of the 9th European Conference on Computer Vision, 2006.

[40] Zagoruyko S, Komodakis N. Learning to compare image patches via convolutional neural networks//Proceedings of the IEEE Conference on Computer Vision and Pattern Recognition, 2015.

[41] Wang S, Quan D, Liang X, et al. A deep learning framework for remote sensing image registration. ISPRS Journal of Photogrammetry and Remote Sensing, 2018, 145: 148-164.

[42] 蓝朝桢, 卢万杰, 于君明. 异源遥感图像特征匹配的深度学习算法. 测绘学报, 2021, 50(2): 189.

[43] 王少杰, 武文波, 徐其志. VGG 与 DOG 结合的光学遥感图像精确配准方法. 航天返回与遥感, 2021, 42(5): 76-84.

[44] 王文卿, 刘涵, 谢国, 等. 改进空间细节提取策略的分量替换遥感图像融合方法. 计算机应用, 2019, 39(12): 3650-3658.

[45] Choi J, Yu K, Kim Y. A new adaptive component-substitution-based satellite image fusion by

using partial replacement. IEEE Transactions on Geoscience and Remote Sensing, 2010, 49(1): 295-309.

[46] Li X, Xu Q, Feng G, et al. Pansharpening based on an improved ratio enhancement//IEEE Geoscience and Remote Sensing Symposium, 2015.

[47] Li H, Jing L. Improvement of MRA-based Pansharpening Methods through the consideration of mixed pixels//IEEE International Geoscience and Remote Sensing Symposium, 2018.

[48] Ma J, Yu W, Chen C, et al. Pan-GAN: an unsupervised pan-sharpening method for remote sensing image fusion. Information Fusion, 2020, 62: 110-120.

[49] Chavez P S, Kwakteng A Y. Extracting spectral contrast in Landsat Thematic Mapper image data using selective principal component analysis. Photogrammetric Engineering and Remote Sensing, 1989, 55(3): 339-348.

[50] Rahmani S, Strait M, Merkurjev D, et al. An adaptive IHS pan-sharpening method. IEEE Geoscience and Remote Sensing Letters, 2010, 7(4): 746-750.

[51] Zhou Z M, Ma N, Li Y X, et al. Variational PCA fusion for pan-sharpening very high resolution imagery. Science China Information Sciences, 2014, 57(11): 112107.

[52] Aiazzi B, Baronti S, Selva M. Improving component substitution pansharpening through multivariate regression of MS+Pan data. IEEE Transactions on Geoscience and Remote Sensing, 2007, 45(10): 3230-3239.

[53] Wady S, Bentoutou Y, Bengermikh A, et al. A new IHS and wavelet based pansharpening algorithm for high spatial resolution satellite imagery. Advances in Space Research, 2020, 66(7): 1507-1521.

[54] Tu T M, Huang P S, Hung C L. A fast intensity-hue-saturation fusion technique with spectral adjustment for Ikonos imagery. IEEE Geoscience and Remote Sensing Letters, 2004, 1(4): 309-312.

[55] Yilmaz V. A non-dominated sorting genetic algorithm-II-based approach to optimize the spectral and spatial quality of component substitution-based pansharpened images. Concurrency and Computation: Practice and Experience, 2021, 33(5): e6030.

[56] Kim Y, Eo Y, Kim Y, et al. Generalized IHS-based satellite imagery fusion using spectral response functions. Journal of the Electronics and Telecommunications Research Institute, 2011, 33(4): 497-505.

[57] Laben C A, Brower B V. Process for enhancing the spatial resolution of multispectral imagery using pan-sharpening: 6011875. 2000.

[58] Aiazzi B, Alparone L, Baronti S, et al. MS+Pan image fusion by enhanced Gram-Schmidt spectral sharpening//The 26th EARSeL Symposium, 2006: 29-31.

[59] Tu T. Adjustable intensity-hue-saturation and Brovey transform fusion technique for IKONOS /

QuickBird imagery. Optical Engineering, 2005, 44(11): 116201.

[60] Liu J G. Smoothing filter-based intensity modulation: a spectral preserve image fusion technique for improving spatial details. International Journal of Remote Sensing, 2003, 21(18): 3461-3472.

[61] Zhang Y. System and method for image fusion: 7340099. 2008.

[62] Yun Z, Mishra R K. A review and comparison of commercially available pan-sharpening techniques for high resolution satellite image fusion//IEEE International Geoscience and Remote Sensing Symposium, 2012.

[63] Zhang Y, Mishra R K. From UNB PanSharp to Fuze Go: the success behind the pan-sharpening algorithm. International Journal of Image and Data Fusion, 2013, 5(1): 39-53.

[64] Toet A. Image fusion by a ratio of low-pass pyramid. Pattern Recognition Letters, 1989, 9(4): 245-253.

[65] Jin C, Deng L J, Huang T Z, et al. Laplacian pyramid networks: a new approach for multispectral pansharpening. Information Fusion, 2022, 78: 158-170.

[66] 肖雪梅. 基于对比度金字塔的图像融合算法研究. 技术与市场, 2009, 12: 1-10.

[67] 李建林, 俞建成, 孙胜利. 基于梯度金字塔图像融合的研究. 科学技术与工程, 2007, 7(22): 5-10.

[68] 胡洪涛, 冯林方, 于斐. 基于高斯金字塔分解的多分辨率图像融合算法研究. 中国科技博览, 2014, 17: 200-201.

[69] Yocky D A. Multiresolution wavelet decomposition image merger of Landsat Thematic Mapper and SPOT panchromatic data. Photogrammetric Engineering and Remote Sensing, 1996, 62(9): 1067-1074.

[70] Saeedi J, Faez K. A new pan-sharpening method using multi objective particle swarm optimization and the shiftable contourlet transform. ISPRS Journal of Photogrammetry and Remote Sensing, 2011, 66(3): 365-381.

[71] Qu X, Yan J, Xiao H, et al. Image fusion algorithm based on spatial frequency-motivated pulse coupled neural networks in nonsubsampled contourlet transform domain. Acta Automatica Sinica, 2008, 34(12): 1508-1514.

[72] Dong W, Xiao S, Li Y, et al. Hyperspectral pansharpening based on intrinsic image decomposition and weighted least squares filter. Remote Sensing, 2018, 10(3): 445.

[73] Maneshi M, Ghassemian H, Khademi G, et al. A retina-inspired multiresolution analysis framework for pansharpening//2020 International Conference on Machine Vision and Image Processing, 2020: 1-5.

[74] Kaur M M, Pooja M. Optimal image fusion using neuro-fuzzy algorithm and SVM. Australian Journal of Information Technology and Communication, 2013, 2(1): 30-34.

[75] Smadi A L, Yang S, Kai Z, et al. Pansharpening based on convolutional autoencoder and

multi-scale guided filter. EURASIP Journal on Image and Video Processing, 2021, 2021(1): 1-20.

[76] He L, Zhu J, Li J, et al. HyperPNN: hyperspectral pansharpening via spectrally predictive convolutional neural networks. IEEE Journal of Selected Topics in Applied Earth Observations and Remote Sensing, 2019, 12(8): 3092-3100.

[77] Guan P, Lam E Y. Multistage dual-attention guided fusion network for hyperspectral pansharpening. IEEE Transactions on Geoscience and Remote Sensing, 2021, 60: 1-14.

[78] Xu Q, Li Y, Nie J, Liu Q, et al. UPanGAN: unsupervised pansharpening based on the spectral and spatial loss constrained generative adversarial network. Information Fusion, 2023, 91: 31-46.

[79] Gastineau A, Aujol J F, Berthoumieu Y, et al. A residual dense generative adversarial network for pansharpening with geometrical constraints//IEEE International Conference on Image Processing, 2020.

[80] Shao Z, Lu Z, Ran M, et al. Residual encoder-decoder conditional generative adversarial network for pansharpening. IEEE Geoscience and Remote Sensing Letters, 2019, 17(9): 1573-1577.

[81] He G, Zhong J, Lei J, et al. Hyperspectral pansharpening based on spectral constrained adversarial autoencoder. Remote Sensing, 2019, 11(22): 2691-2700.

第 2 章　多源遥感图像融合评价方法

多源遥感图像融合评价包括图像配准精度评价和图像融合保真度评价两部分。由于高精度图像配准是像素级图像融合的前提，图像配准的精度直接影响了图像融合的保真度[1]，所以本章将图像配准精度纳入多源遥感图像融合评价之中。同时，融合图像的质量还与融合处理方法直接相关，因此本章将从光谱色彩保真与空间细节保真两个角度进一步评价融合图像的质量。

2.1　图像配准精度评价

在多源遥感图像配准中，通常将全色图像作为参考图像，将多光谱或高光谱图像作为输入图像[2]。目前，研究人员主要采用主观评价和客观评价方法来检验输入图像与参考图像之间的配准精度。其中，主观配准评价采用棋盘格或卷帘等形式[3]，从视觉上判断输入图像与参考图像各个局部区域中地物是否对齐；客观配准评价主要采用一系列量化指标来评价输入图像与参考图像的配准精度。

2.1.1　主观配准评价

常用的主观配准评价主要有棋盘格或卷帘两种显示方式，在各类遥感图像处理软件中广泛应用[4]。如图 2.1(a) 所示，棋盘格显示方式将配准的输入图像与参考图像按棋盘格形式叠加在一起，人们通过观察棋盘格边界处地物的对齐精度来直观判断图像各局部区域是否精确配准；如图 2.1(b) 和 (c) 所示，卷帘显示方式将配准的输入图像与参考图像以垂直卷帘或水平卷帘的方式叠加一起，人们通过观察卷帘处地物的对齐精度来直观判断图像各局部区域是否精确配准。在一次显示中，棋盘格显

(a) 配准图像的棋盘格显示

(b) 配准图像的垂直卷帘显示　　　　　　(c) 配准图像的水平卷帘显示

图 2.1　常用的主观配准评价方法

示方式可充分地展示更多地物的对齐状态,因而成为学术论文中常用的主观配准评价方式;卷帘显示方式需要动态移动卷帘来观察不同局部区域的地物对齐状态,因此在遥感图像处理软件中被用于检验图像的各局部区域是否配准。

2.1.2　客观配准评价

客观配准评价是指通过量化指标的形式反映输入图像与参考图像的配准精度。客观评价指标大多可分为基于特征点的评价指标和基于区域的评价指标两类。其中,基于特征点的评价指标主要有均方误差和特征点配准度等;基于区域的评价指标主要有互相关系数、互信息、归一化互信息、Hausdorff 距离和结构相似性等。

1. 基于特征点的配准评价指标

(1)均方误差

令 (x_1^i, y_1^i) 和 (x_2^i, y_2^i) 为第 i 个匹配点对。其中,(x_1^i, y_1^i) 是配准的输入图像中第 i 个匹配点的坐标;(x_2^i, y_2^i) 是参考图像中第 i 个匹配点的坐标。配准均方误差(Mean Square Error,MSE)定义为所有配准对点误差平方和的平均值[5],其计算式如下

$$MSE = \frac{1}{N} \sum_{i=1}^{N} ((x_1^i - x_2^i)^2 + (y_1^i - y_2^i)^2) \tag{2-1}$$

均方误差是最常用的图像配准评价指标。由其定义可知,均方误差值越小,图像的配准精度越高。

对配准均方误差进行开方运算,可以得到均方根误差(Root Mean Square Error,RMSE)[6];该指标也是图像配准常用的评价指标,其计算式如下

$$RMSE = \left[\frac{1}{N} \sum_{i=1}^{N} ((x_1^i - x_2^i)^2 + (y_1^i - y_2^i)^2) \right]^{1/2} \tag{2-2}$$

(2)特征点匹配度

在基于点特征的配准方法中,特征点匹配度是一种高效可靠的配准精度评价指

标体系。该指标体系主要包含指定匹配率(Putative Matching Rate，PMR)[7]、匹配率(Matching Rate，MR)[8]、正确匹配率(Correct Matching Rate，CMR)[9]、匹配召回率(Recall Matching Rate，RMR)等量化指标。这些评价指标的合理性在于：在图像配准中，正确的匹配点对数量越多，由匹配点对估算的配准变换模型参数越精准。

指定匹配率是指实际匹配的特征点总数 N_a 与提取的特征点总数 N_t 之比，其计算方法如下

$$P_{\mathrm{PMR}} = N_a / N_t \times 100\% \tag{2-3}$$

匹配率是指正确匹配的特征点总数 N_c 与提取的特征点总数 N_t 之比，其计算方法如下

$$P_{\mathrm{MS}} = N_c / N_t \times 100\% \tag{2-4}$$

在图像配准中，若错误匹配点对占比提高，则会导致估计配准变换模型参数精准度下降，输入图像与参考图像的配准误差增大；反之，则会使得估计配准变换模型参数精准度提升，输入图像与参考图像的配准误差减小。据此，正确匹配率定义为正确匹配的特征点对总数与所有匹配的特征点对总数之比，其计算方法如下

$$P_{\mathrm{CMR}} = N_c / N_a \times 100\% \tag{2-5}$$

匹配召回率是指正确匹配的特征点总数与应被匹配的特征点总数 N_s 之比，其计算方法如下

$$P_R = N_c / N_s \times 100\% \tag{2-6}$$

2. 基于区域的配准评价指标

(1) 互相关系数

互相关系数(Correlation Coefficient，CC)主要利用参考图像与配准的输入图像之间的整体灰度相似性来度量图像的配准精度[10]。对于参考图像 A 与配准的输入图像 B，其互相关系数计算方式如下

$$\mathrm{CC} = \frac{\sum_i \sum_j (A_{ij} - \overline{A})(B_{ij} - \overline{B})}{\left[\sum_i \sum_j (A_{ij} - \overline{A})^2 \times \sum_i \sum_j (B_{ij} - \overline{B})^2 \right]^{1/2}} \tag{2-7}$$

其中，$\overline{A}$ 和 $\overline{B}$ 分别表示图像 A 和 B 的灰度平均值。互相关系数越接近 1，表示两幅图像相似性越大，配准效果越好。一般而言，互相关系数指标对相同成像条件下同类传感器采集的图像适用性好，不适用于评价不同成像条件或不同类传感器采集图像。

(2) 互信息

互信息(Mutual Information，MI)评价指标来源于信息论，反映了两个随机变量之间的信息相关性[11]。在图像配准评价中，参考图像 A 与配准的输入图像 B 被视为

随机变量，其互信息计算方法如下

$$\mathrm{MI}(A,B) = H(A) + H(B) - H(A,B) \tag{2-8}$$

其中，$H(A)$ 和 $H(B)$ 分别为参考图像 A 与配准的输入图像 B 的信息熵，$H(A,B)$ 是 A 与 B 的联合熵，其计算方法如下

$$H(A) = -\sum_{i=0}^{N-1} p_i \log p_i \tag{2-9}$$

$$H(A,B) = -\sum_{a,b} p_{AB}(a,b) \log p_{AB}(a,b) \tag{2-10}$$

其中，N 是图像灰度级数量，p_i 是灰度值为 i 的像素点在图像中出现的概率，$p_{AB}(a,b)$ 是同一个位置的像素在图像 A 中取灰度值 a、在图像 B 中取灰度值 b 的概率。两幅图像互信息值越大，说明其相关性越强，相似程度越高，配准效果越好。

（3）归一化互信息

归一化互信息（Normalized Mutual Information，NMI）与互信息类似，其计算方法如式（2-11）所示。参考图像 A 与配准的输入图像 B 的归一化互信息值越大，则二者的相关性越强，灰度相似性越大，配准精度越高。

$$\mathrm{NMI}(A,B) = \frac{H(A) + H(B)}{H(A,B)} \tag{2-11}$$

（4）豪斯多夫（Hausdorff）距离

Hausdorff 距离将参考图像 A 与配准的输入图像 B 中的像元视为两个点集[12]；然后，计算参考图像 A 中所有像元到配准的输入图像 B 中所有像元的最短距离的最大值，即 $h(A,B)$，以及配准的输入图像 B 中所有像元到参考图像 A 中所有像元的最短距离的最大值，即 $h(B,A)$；此时，表征配准图像误差的 Hausdorff 距离为 $h(A,B)$ 和 $h(B,A)$ 二者最大值，其计算方法如下

$$\mathrm{Hausdorff}(A,B) = \max\big(h(A,B), h(B,A)\big) \tag{2-12}$$

参考图像 A 与配准的输入图像 B 的 Hausdorff 距离越小，说明二者的相似性越大，配准精度越高。

（5）结构相似性

结构相似性（Structural Similarity，SSIM）指标主要利用图像亮度、对比度和结构三个因子来评价两幅图像的相似性[13]，其计算方法如下

$$\mathrm{SSIM}(A,B) = \frac{(2\mu_A\mu_B + c_1)(2\sigma_{AB} + c_2)}{(\mu_A^2 + \mu_B^2 + c_1)(\sigma_A^2 + \sigma_B^2 + c_2)} \tag{2-13}$$

其中，μ_A 和 μ_B 分别表示图像 A 和 B 的像素灰度平均值，σ_A 和 σ_B 分别表示图像 A

和 B 的像素灰度值标准差，σ_{AB} 表示图像 A 和 B 的像素灰度值协方差。SSIM 取值范围为 0～1，越接近 1，说明两幅图像相似程度越高，配准精度越高。

2.2　图像融合保真度评价

图像融合保真度评价有主观融合评价和客观融合评价两种方式。由于实际应用中往往没有理想融合图像作为评价参考，通用准确的融合图像客观评价指标设计极为困难。因此，在图像融合应用中，主观融合评价一直发挥重要作用。

2.2.1　主观融合评价

(1)融合评测数据集的构成

为了全面地评价一个融合图像的性能，测评人员需要构建一个合理的评测数据集。图 2.2 为一个合理的融合评测数据集中抽取的部分多光谱图像。一般而言，一个合理的融合评测数据集需要综合考虑以下要素：光谱色彩要素，即涵盖光谱色彩丰富的不同地物，如植被、建筑、江河湖海、裸地等；空间细节要素，即涵盖空间细节丰富的地物，如房屋、道路、桥梁；综合性要素，即涵盖不同的成像要素，如不同卫星、不同成像视角、不同太阳高度角等。其中，光谱色彩要素主要确保数据集能有效评测融合方法的光谱色彩保真性能；空间细节要素主要确保数据集能够有效评测融合方法的空间细节保真性能；综合性要素从总体上影响光谱色彩要素和空间细节要素，可以从总体上测评融合方法的保真性能。

(a) IKONOS 卫星多光谱图像　　　(b) QuickBird 卫星多光谱图像　　　(c) WorldView-2 卫星多光谱图像

图 2.2　融合评测数据集的构成(部分)示例

(2)融合图像的显示方式

在日常生活中，数码相机采集的自然图像大多数采用 8 比特量化位宽；与日常生活中的数码相机不同，光学卫星成像传感器常用的量化位宽主要有 10 比特、11比特、12 比特和 14 比特，例如，我国高景一号卫星成像的量化位宽为 11 比特，法国 Pleiades 卫星成像的量化位宽为 12 比特。由于计算机仅能显示 8 比特位宽图像，所以，遥感图像被重新量化为 8 比特显示图像。在此情形下，如图 2.3 所示，为主观评价图像的光谱色彩保真性能，融合图像与多光谱图像应采用相同的显示量化映射。

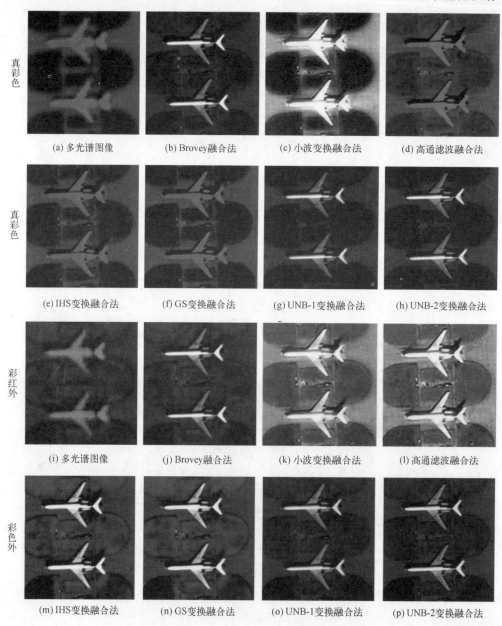

真彩色
(a) 多光谱图像　　(b) Brovey融合法　　(c) 小波变换融合法　　(d) 高通滤波融合法

真彩色
(e) IHS变换融合法　　(f) GS变换融合法　　(g) UNB-1变换融合法　　(h) UNB-2变换融合法

彩红外
(i) 多光谱图像　　(j) Brovey融合法　　(k) 小波变换融合法　　(l) 高通滤波融合法

彩色外
(m) IHS变换融合法　　(n) GS变换融合法　　(o) UNB-1变换融合法　　(p) UNB-2变换融合法

图 2.3　融合评测数据集的构成示例（见彩图）

此外，在不同光谱波段组合方式下，评测人员对光谱色彩保真性能的感受也不相同；以全色与多光谱图像融合为例，如图 2.3 所示，对于植被区域，在真彩色的光谱组合方式下，人们容易区分各个融合方法的光谱色彩保真性能；然而，在彩红外模式下，人们不易区分各个融合方法的光谱色彩保真性能。因此，在主观融合评价中，遥感图像既需要采用相同的显示量化映射进行计算机显示，还需要采用不同波段组合方式进行假彩色显示。

(3) 主观评价等级划分

主观融合评价方法主要依赖于评测人员对全色图像、多光谱或高光谱图像、融合图像进行视觉观察与比较；通过对比融合图像与多光谱或高光谱图像的光谱色彩差异来评价融合图像的光谱色彩保真度；通过对比融合图像与全色图像的空间细节差异来评价融合图像的空间细节保真度。通过上述对比，评测人员可以形成主观评价等级。通常，以有无参考标准为依据，主观评价方法可以分为绝对主观评价和相对主观评价两类。其中，在无标准的参考情况下，绝对主观评价将融合图像按照视觉观察划分为"优秀、良好、一般、较差、很差"五个等级；在有标准图像的情况下，相对主观评价由观察者将一批融合图像划分为"群中最好、高于群中平均水平、群中平均水平、低于群中平均水平、群中最差"五个等级。如表 2.1 所示，为了在主观评价中给出量化评分，五个等级的融合图像质量由高至低赋予评分：5、4、3、2、1。

表 2.1　图像主观评价尺度对比

级别	绝对评价尺度	相对评价尺度
5	优秀	群中最好
4	良好	高于群中平均水平
3	一般	群中平均水平
2	较差	低于群中平均水平
1	很差	群中最差

(4) 主观评分统计方法

虽然主观评价依赖于人的视觉观察，但是通过构建合理的评测数据集，确定科学的融合图像显示方式，划分合理的主观评价等级，评测人员可以给出科学的主观评价分值。以图 2.3 所示的融合图像为例，北京市遥感信息研究所遥感图像解释专家将"空间细节保真度和光谱色彩保真度"与"真彩色显示与彩红色显示"组合起来，形成 4 个评价维度，并分别给出主观评分，如表 2.2 所示。然后，对每个融合方法，将 4 个维度的评分累加起来，得到其主观评价总分。由表 2.2 可知，UNB-2 融合法的主观评价得分最高，小波变换法与高通滤波法的主观评价得分最低。

表 2.2　融合图像主观评价示例

	空间细节保真度		光谱色彩保真度		主观评价总体得分
	真彩色显示	彩红外显示	真彩色显示	彩红外显示	
Brovey 融合法	4	4	1	3	12
小波变换融合法	1	1	2	2	6
高通滤波融合法	1	1	2	2	6
IHS 变换融合法	3	3	1	3	10
GS 变换融合法	3	3	3	3	12
UNB-1 融合法	4	4	4	4	16
UNB-2 融合法	5	5	4	4	18

2.2.2　客观融合评价

客观融合评价方法利用量化指标定量地评价融合图像的保真度。一般而言，客观融合评价方法从光谱色彩保真和空间细节保真两个维度评价融合图像：光谱色彩保真主要评价融合图像的光谱色彩与多光谱或高光谱图像的光谱色彩的"一致程度"；空间细节保真主要评价融合图像的空间细节与全色图像空间细节的"一致程度"。由此可见，融合图像评价没有理想的融合图像作为直接参照物，而是采用全色与多光谱或高光谱图像作为间接参照物。因此，研究人员从不同角度构造了许多统计量来刻画"一致程度"，以便能准确地实现客观保真评价。

为了度量融合图像与全色图像之间空间细节的"一致程度"，以及融合图像与多光谱或高光谱图像之间光谱色彩的"一致程度"，Wald 提出了融合评价的 Wald 协议[14]。如图 2.4 所示，Wald 协议给出了两条融合评价技术路线：一致性评价，即先对全色图像与多光谱图像进行融合处理生成融合图像，然后将融合图像下采样至多光谱图像相同的分辨率，生成下采样融合图像，最后将下采样融合图像与多光谱图像进行对比；综合性评价，先将全色与多光谱图像进行下采样处理，生成下采样的全色与多光谱图像，然后对下采样的全色与多光谱图像进行融合处理，生成下采样融合图像；最后，将下采样融合图像与多光谱图像进行对比。

尽管现有融合评价方法均认为应该遵守该协议，但在实际应用中，该协议缺乏可操作性。其原因在于，实际应用缺乏客观融合评价所需的理想融合图像。此外，由 Wald 协议可知，在度量融合图像与多光谱或高光谱图像之间光谱色彩的"一致程度"时，可以将融合图像下采样至多光谱相同空间分辨率，然后以多光谱图像作为理想参考物。但是，在融合图像与全色图像之间空间细节的"一致程度"时，难以找到类似的理想参考物。面对该困境，研究人员发展出三条不同的客观融合评价技术路线：降分辨率融合评价方法、全分辨率融合评价方法和空间细节提升评价方法。

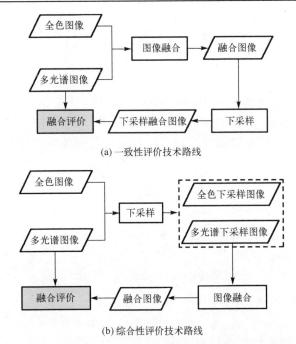

(a) 一致性评价技术路线

(b) 综合性评价技术路线

图 2.4 Wald 协议的一致性和综合性评价技术路线

1. 降分辨率融合评价方法

降分辨率融合评价方法在实际应用中被广泛使用，其原因在于该类方法将多光谱图像作为参考图像，可以在降分辨率尺度上准确度量融合图像的保真度。

(1) 光谱角

光谱角 (Spectral Angle Mapper，SAM)[15]主要用于评价融合图像的光谱色彩保真度。令 K 为全色图像与多光谱图像的分辨率倍率，$F\downarrow K$ 为一维矢量表示的下采样融合图像，M 为一维矢量表示的多光谱或高光谱图像，$(F\downarrow K)\cdot M$ 表示一维向量 $F\downarrow K$ 与一维向量 M 的内积，则光谱角的计算方法如下

$$\mathrm{SAM} = \arccos\left[\frac{(F\downarrow K)\cdot M}{\|F\downarrow K\|\times\|M\|}\right] \tag{2-14}$$

(2) 全局误差

全局误差[16]是 Wald 提出的一种度量融合图像光谱色彩保真与空间细节保真的综合性指标。该指标的法文名称中各词的首字母组合为 ERGAS，由于使用习惯，研究人员往往用 ERGAS 代指全局误差指标。一般而言，全局误差取值越小，融合图像品质越高。令 r_M 为多光谱或高光谱图像分辨率，r_P 为全色图像分辨率，$\mu(k)$ 为第 k 个波段光谱平均值；E_k 为第 k 个波段的均方根误差，则全局误差的计算方法如下

$$\text{ERGAS} = \frac{r_P}{r_M}\left[\frac{1}{N}\sum_{k=1}^{N}\left[E_k/\mu(k)\right]^2\right]^{1/2} \tag{2-15}$$

(3) 峰值信噪比

峰值信噪比(Peak Signal-to-Noise Ratio，PSNR)[17]也是一种度量融合图像光谱色彩保真与空间细节保真的综合性指标。一般而言，峰值信噪比取值越大，融合效果越好。令 z 为融合图像的最大像素值，E 代表两幅图像像素值的均方误差，则峰值信噪比的计算方法如下

$$\text{PSNR} = 20\lg(z^2/E_{\text{rms}}) \tag{2-16}$$

(4) 结构相似性

结构相似性(Structural Similarity，SSIM)[18]也是一种度量融合图像光谱色彩保真与空间细节保真的综合性指标，它主要度量融合图像与参考图像的相似程度。结构相似性取值越接近 1，融合图像的保真效果越好。令 a 和 b 分别代表融合图像和参考图像，μ_a 和 μ_b 为 a 和 b 的均值，σ_a 和 σ_b 为 a 和 b 的标准差，σ_{ab} 为 a 和 b 之间的协方差，c_1 和 c_2 是常数，通常取 $c_1=(0.01T)^2$，$c_2=(0.03T)^2$，T 为融合图像的最大像素值，则结构相似性的计算方法如下

$$\text{SSIM} = \frac{(2\mu_a\mu_b+c_1)(2\sigma_{ab}+c_2)}{(\mu_a^2+\mu_b^2+c_1)(\sigma_a^2+\sigma_b^2+c_2)} \tag{2-17}$$

(5) 相关系数

相关系数(Correlation Coefficient，CC)与结构相似性指标类似，也是度量融合图像与参考图像的相似程度。相关系数的取值范围为[-1, 1]。一般而言，其取值越接近 1，融合图像的保真效果越好。令 a 和 b 分别代表融合图像和参考图像，σ_a 和 σ_b 为 a 和 b 的标准差，σ_{ab} 为 a 和 b 之间的协方差，则相关系数的计算方法如下

$$\text{CC}(a,b) = \frac{\sigma_{a,b}}{\sigma_a\sigma_b} \tag{2-18}$$

(6) 通用图像质量指数

通用图像质量指数(Universal Image Quality Index，Q-index)[18]也是一种度量融合图像光谱色彩保真与空间细节保真的综合性指标。它主要度量了融合图像 F 和参考图像 R 之间的相关性(Correlation)、亮度(Luminance)和对比度(Contrast)。令 σ 为协方差计算符号，$\overline{R}$ 和 $\overline{F}$ 为参考图像和融合图像的均值，则通用图像质量指数的计算方法如下

$$Q = \frac{\sigma_{RF}}{\sigma_R\sigma_F}\cdot\frac{2\overline{R}\,\overline{F}}{\overline{R}^2+\overline{F}^2}\cdot\frac{2\sigma_R\sigma_F}{\sigma_R^2+\sigma_F^2} \tag{2-19}$$

其中，通用图像质量指数的取值范围为[0, 1]。一般而言，其取值越接近 1，融合图

像的保真效果越好。在式(2-19)中，第一项度量了融合图像和参考图像的线性相关性；第二项度量了融合图像和参考图像的平均亮度信息；第三项度量了对比度的相似程度。

(7) 均方根误差

均方根误差(Root Mean Squared Error，RMSE)度量了融合图像和参考图像第 k 个波段中每个像素点的像素值之间的误差，其计算方法如下

$$\text{RMSE}(k) = \left(\frac{1}{MN} \sum_{i=1}^{M} \sum_{j=1}^{N} (\boldsymbol{F}_{i,j}^{k} - \boldsymbol{R}_{i,j}^{k})^2 \right)^{1/2} \tag{2-20}$$

均方根误差的理想值为 0。也就是说，均方根误差的值越小，融合图像和参考图像之间的差异就越小。

2. 全分辨率融合评价方法

降分辨率融合评价方法仅能在降分辨率尺度上度量融合图像的保真度，不能直接准确反映全分辨率尺度的融合图像的保真程度；但是，实际应用需要的是全分辨率尺度的融合图像，因此需要全分辨率融合评价方法[19]。

(1) 无参考质量

无参考质量(Quality with No Reference，QNR)[20]是一种度量融合图像光谱色彩保真与空间细节保真的综合性指标。一般而言，无参考质量指标的取值越大，说明融合图像保真程度越好。令 D_λ 为光谱色彩失真值，D_S 为空间细节失真值，α 和 β 分别为光谱色彩和空间细节保真权重，则无参考质量指标的计算方法如下

$$\text{QNR} = (1 - D_\lambda)^\alpha (1 - D_S)^\beta \tag{2-21}$$

其中，α 和 β 一般设置为 1。其中，D_λ 和 D_S 的计算方法如下

$$\begin{cases} D_\lambda = \left(\dfrac{1}{N(N-1)} \displaystyle\sum_{i=1}^{N} \sum_{j=1, j \neq i}^{N} \left| d_{i,j}(\boldsymbol{M}, \boldsymbol{F}) \right|^p \right)^{1/p} \\[3mm] D_S = \left(\dfrac{1}{N} \displaystyle\sum_{i=1}^{N} \left| Q(\boldsymbol{F}_i, \boldsymbol{P}) - Q(\boldsymbol{M}_i, \boldsymbol{P}_L) \right|^p \right)^{1/p} \end{cases} \tag{2-22}$$

其中，$\boldsymbol{M}$ 表示多光谱或高光谱图像，$\boldsymbol{F}$ 表示融合图像，$\boldsymbol{P}$ 是全色图像，$\boldsymbol{P}_L$ 是下采样至多光谱或高光谱图像相同分辨率的低分辨率全色图像，Q 为通用图像质量指数。$d_{i,j}(\boldsymbol{M}, \boldsymbol{F})$ 的计算方法如下

$$d_{i,j}(\boldsymbol{M}, \boldsymbol{F}) = Q(\boldsymbol{M}_i, \boldsymbol{M}_j) - Q(\boldsymbol{F}_i, \boldsymbol{F}_j) \tag{2-23}$$

(2) 混合无参考质量

与无参考质量指标类似，混合无参考质量(Hybrid QNR，HQNR)[21]也是一种度量融合图像光谱色彩保真与空间细节保真的综合性指标。一般而言，混合无参考质

量指标的取值越接近 1，则融合图像保真程度越好，其计算方法如下

$$HQNR = (1 - D_\lambda)^\alpha (1 - D_S)^\beta \tag{2-24}$$

其中，D_λ 表示光谱失真值，D_S 表示空间失真值；α 和 β 分别为光谱色彩和空间细节保真权重，一般设置为 1；D_λ 和 D_S 的计算方法如下

$$\begin{cases} D_\lambda = 1 - Q(\boldsymbol{F} \downarrow K, \boldsymbol{M}) \\ D_S = \left(\dfrac{1}{N} \sum_{i=1}^{N} |Q(\boldsymbol{F}_i, \boldsymbol{P}) - Q(\boldsymbol{M}_i, \boldsymbol{P}_L)|^p \right)^{1/p} \end{cases} \tag{2-25}$$

其中，$\boldsymbol{F} \downarrow K$ 表示下采样至多光谱或高光谱图像相同空间分辨率的融合图像。

(3) 综合无参考质量

与无参考质量指标类似，综合无参考质量(Generalized QNR，GQNR)[22]也是一种度量融合图像光谱色彩保真与空间细节保真的综合性指标。一般而言，综合无参考质量指标的取值越接近 1，则融合图像保真程度越好。令 D_λ 为光谱色彩失真值，D_S 为空间细节失真值，其计算方法见式(2-22)，则综合无参考质量指标的计算方法如下

$$GQNR = D_\lambda \cdot D_S \tag{2-26}$$

3. 空间细节提升评价方法

空间细节提升评价方法从图像质量提升、信息增加的角度直接评价融合图像的质量。这类指标是降分辨率融合评价方法和全分辨率融合评价方法的有益补充。但是，这种评价方法不能反映融合图像与全色图像之间空间细节的"一致程度"。

(1) 像素灰度均值

图像均值反映了图像的亮度，其计算方法如下

$$\bar{F} = \frac{1}{M \times N} \sum_{i=1}^{M} \sum_{j=1}^{N} \boldsymbol{F}_{ij} \tag{2-27}$$

(2) 像素灰度值标准差

图像的标准差反映了图像灰度值离散程度，若标准差过小，则图像细节分辨率不足，其计算方法如下

$$\sigma = \left(\frac{1}{M \times N} \sum_{i=1}^{M} \sum_{j=1}^{N} (\boldsymbol{F}_{ij} - \bar{F}) \right)^{1/2} \tag{2-28}$$

遥感图像像素灰度值标准差反映了图像细节丰富程度，对于融合图像，标准差越大，认为融合效果越好。

（3）平均梯度

平均梯度反映了图像像素值的空间变化速度，在地物边缘位置的梯度越大，表示地物边缘越清晰。一般而言，融合图像的平均梯度越大，表明从全色图像中引入的空间细节越丰富。平均梯度的计算方法如下

$$\nabla \overline{G} = \frac{1}{M \times N} \sum_{i=1}^{M} \sum_{j=1}^{N} \left(\frac{\Delta_h \boldsymbol{F}_{ij}^{~2} + \Delta_v \boldsymbol{F}_{ij}^{~2}}{2} \right)^{1/2} \tag{2-29}$$

其中，$\Delta_h \boldsymbol{F}_{ij}$ 和 $\Delta_v \boldsymbol{F}_{ij}$ 是图像像素灰度值在水平、竖直方向上的一阶差分值

$$\begin{cases} \Delta_h \boldsymbol{F}_{ij} = \boldsymbol{F}_{i,j} - \boldsymbol{F}_{i+1,j} \\ \Delta_v \boldsymbol{F}_{ij} = \boldsymbol{F}_{i,j} - \boldsymbol{F}_{i,j+1} \end{cases} \tag{2-30}$$

（4）偏差和相对偏差

偏差与相对偏差反映融合图像的光谱色彩失真程度。偏差是指融合图像与参考图像差值的绝对值，反映融合图像光谱色彩的绝对偏离程度。相对偏差为差值绝对值与原像素灰度值之比，反映相对偏离程度。一般而言，偏差与相对偏差取值越小，融合图像的光谱色彩保真度越好。偏差与相对偏差的计算方法如下

$$\begin{cases} D = \dfrac{1}{M \times N} \sum_{i=1}^{M} \sum_{j=1}^{N} \left| \boldsymbol{F}_{ij} - \boldsymbol{R}_{ij} \right| \\ D_r = \dfrac{1}{M \times N} \sum_{i=1}^{M} \sum_{j=1}^{N} \dfrac{\left| \boldsymbol{F}_{ij} - \boldsymbol{R}_{ij} \right|}{\boldsymbol{R}_{ij}} \end{cases} \tag{2-31}$$

（5）信息熵

信息熵主要度量图像的平均信息量[23]。一般来说，图像的信息熵越大，表明从全色图像中引入的空间细节越丰富。对于一幅图像，认为其每个元素的灰度值是相互独立的。图像灰度分布定义为 $P = \{P_1, P_2, \cdots, P_i, \cdots P_N\}$，$P_i$ 为灰度值等于 i 的像素值与图像总像素数之比，L 为灰度级总数，则信息熵的计算方法如下

$$H = -\sum_{i=0}^{L-1} P_i \log_2 P_i \tag{2-32}$$

（6）交叉熵

交叉熵主要度量两幅图像之间的差异，也称为相对熵[23]。一般而言，融合图像与多光谱或高光谱图像的交叉熵越小，表明融合图像的光谱色彩保真度越好。令源图像为全色（I）与多光谱或高光谱（M）图像，P_i^S 为源图像中灰度值等于 i 的像元数量与其像元总数之比，P_i^F 为融合图像中灰度值等于 i 的像元数量与其像元总数之比，则交叉熵的计算方法如下

$$CE_{S,F} = \sum_{i=0}^{L-1} P_i^S \log_2 \frac{P_i^S}{P_i^F}, \quad S = I, M \tag{2-33}$$

此外，源图像和融合图像之间的综合差异可以用均方根交叉熵表示，其计算方法如下

$$RCE = \left(\frac{CE_{I,F}^2 + CE_{M,F}^2}{2} \right)^{1/2} \tag{2-34}$$

(7) 相关熵

相关熵也称为互信息，主要度量融合图像从源图像中继承信息的多少[23]。一般而言，相关熵的值越大，表示融合图像从全色图像中引入空间细节信息、从多光谱或高光谱图像中引入光谱色彩信息越丰富。相关熵的计算方法如下

$$MI_{IMF} = \sum_{i=0}^{L-1} \sum_{j=0}^{L-1} \sum_{k=0}^{L-1} P_{IMF}(i,j,k) \log_2 \frac{P_{IMF}(i,j,k)}{P_{IM}(i,j) P_F(k)} \tag{2-35}$$

其中，$P_{IM}(i,j)$ 为图像 I、M 的归一化联合直方图，而 $P_{IMF}(i,j,k)$ 为图像 I、M、F 的归一化联合直方图。

虽然，目前学术界提出了大量的降分辨率融合评价方法、全分辨率融合评价方法和空间细节提升评价方法，但是这些方法并未从根本上解决无理想融合图像条件下，融合保真度的精准评价问题。因此，在实际应用中，主观融合评价方法仍然在融合图像产品的质量检验中发挥重要作用。

2.3　本章小结

本章从图像配准精度评价和图像融合保真度评价两个方面介绍了多源遥感图像融合评价方法。其中，图像配准精度评价方法包含了主观配准评价方法和客观配准评价方法两个方面；图像融合保真度评价方法也包含了主观融合评价方法和客观融合评价方法两个方面。本章重点介绍了这些评价方法的计算方法或操作步骤，同时也指出了各类方法的适应条件和应用局限性。

参 考 文 献

[1] 禄丰年. 多源遥感图像配准技术分析. 测绘科学技术学报, 2007, 24(4): 4.

[2] 王钰淅. 基于特征信息的多源遥感图像配准研究. 北京: 中国科学院遥感应用研究所, 2012.

[3] Chen S, Zhong S, Xue B, et al. Iterative scale-invariant feature transform for remote sensing image registration. IEEE Transactions on Geoscience and Remote Sensing, 2021, 59(4):

3244-3265.

[4] 韩东旭，钟宝江. 基于 MOS 的图像质量评估系统. 计算机工程与应用, 2020, 56(22): 8.

[5] Eddyy W F, Fitzgerald M, Noll D C. Improved image registration by using Fourier interpolation. Magnetic Resonance in Medicine, 1996, 36(6): 923-931.

[6] Pan J, Hao J, Zhao J. Improved algorithm based on SURF for image registration. Remote Sensing for Land and Resources, 2017, (1): 110-115.

[7] Lee S, Lim J, Suh I H. Progressive feature matching: incremental graph construction and optimization. IEEE Transactions on Image Processing, 2020, 29: 6992-7005.

[8] Sidibe D, Montesinos P, Janaqi S. Fast and robust image matching using contextual information and relaxation//International Conference on Computer Vision Theory and Applications, 2007.

[9] Liang Y, Su T, Lv N, et al. Adaptive registration for optical and SAR images with a scale-constrained matching method. IEEE Geoscience and Remote Sensing Letters, 2022, 19: 1-5.

[10] Kaneko S, Satoh Y, Igarashi S. Using selective correlation coefficient for robust image registration. Pattern Recognition, 2003, 36(5): 1165-1173.

[11] Vergara J R, Estévez P A. A review of feature selection methods based on mutual information. Neural Computing and Applications, 2014, 24(1): 175-186.

[12] 舒丽霞，周成平，彭晓明. 基于 Hausdorff 距离的图象配准方法研究. 中国图象图形学报: A 辑, 2003, 8(12): 1412-1417.

[13] Wang Z, Simoncelli E P, Bovik A C. Multiscale structural similarity for image quality assessment//The 37th Asilomar Conference on Signals, Systems and Computers, 2003.

[14] Wald L, Ranchin T, Mangolini M. Fusion of satellite images of different spatial resolutions: assessing the quality of resulting images. Photogrammetric Engineering and Remote Sensing, 1997, 63(6): 691-699.

[15] Yuhas R H, Goetz A F H, Boardman J W. Discrimination among semi-arid landscape endmembers using the spectral angle mapper (SAM) algorithm//Summaries of the 3rd Annual JPL Airborne Geoscience Workshop, 1992.

[16] Wald L. Data Fusion: Definitions and Architectures: Fusion of Images of Different Spatial Resolutions. Paris: Presses des MINES, 2002.

[17] Huynh-Thu Q, Ghanbari M. Scope of validity of PSNR in image/video quality assessment. Electronics Letters, 2008, 44(13): 800-801.

[18] Wang Z, Bovik A C. A universal image quality index. IEEE Signal Processing Letters, 2002, 9(3): 81-84.

[19] Xu Q, Zhang Y, Li B. Recent advances in pansharpening and key problems in applications. International Journal of Image and Data Fusion, 2014, 5(3): 175-195.

[20] Alparone L, Aiazzi B, Baronti S, et al. Multispectral and panchromatic data fusion assessment

without reference. Photogrammetric Engineering and Remote Sensing, 2008, 74(2): 193-200.

[21] Kwan C, Budavari B, Bovik A C, et al. Blind quality assessment of fused worldview-3 images by using the combinations of pansharpening and hypersharpening paradigms. IEEE Geoscience and Remote Sensing Letters, 2017, 14(10): 1835-1839.

[22] Mittal A, Soundararajan R, Bovik A C. Making a "completely blind" image quality analyzer. IEEE Signal Processing Letters, 2012, 20(3): 209-212.

[23] Loncan L, de Almeida L B, Bioucas-Dias J M, et al. Hyperspectral pansharpening: a review. IEEE Geoscience and Remote Sensing Magazine, 2015, 3(3): 27-46.

第 3 章　宽幅多源光学遥感图像配准方法

图像配准是图像融合、变化检测、三维重建等技术的核心[1-3]，在遥感图像处理中发挥着基础性作用。与计算机视觉、医学图像处理等研究领域涉及的自然图像、医学图像等不同，遥感图像配着存在成像幅宽大、地物类型多，相对畸变复杂的特殊难题。针对上述问题，本章由斑点匹配出发，阐述了一脉相承的两种遥感图像配准方法——基于斑点尺度与斑点纹理约束的宽幅遥感图像配准方法，以及 DoG 与 VGG 网络结合的遥感图像配准方法。其中，VGG 网络是牛津大学视觉几何小组（Visual Geometry Group, VGG）提出的一种典型的深度卷积神经网络；DoG（Difference of Gaussian）网络是 SIFT（Scale-Invariant Feature Transform）方法采用的高斯差分网络。

3.1　宽幅多源光学遥感图像配准存在的问题

目前，在宽幅多源光学遥感图像自动精确配准中，依然存在着大量问题[4]。正因为这些问题尚未解决，遥感图像处理软件中尚不存在一种通用方法能实现宽幅多源光学遥感图像的自动精确配准。本节从图像自身因素和技术局限因素两个角度分析宽幅多源光学遥感图像配准存在的问题。

3.1.1　图像自身因素导致的配准问题

图像自身因素导致的配准问题，主要指由图像幅宽、畸变、内容等因素造成的图像配准问题。这些问题是客观存在的直观难题，与采用何种图像配准技术无关。一般而言，在宽幅多源光学遥感图像中，由图像自身因素导致的配准难题主要涉及图像相对畸变大、不同地形的畸变差异大、不同分辨率图像的配准参照物数量差异大、不同波段成像灰度差异大四个方面。

（1）宽幅多源光学遥感图像的相对畸变大

相对畸变是指将参考图像中的地物作为参照，输入图像中的地物存在形变和偏移等畸变。目前，卫星制造、遥感成像等技术取得了长足的进步，多源光学遥感图像间的相对畸变大幅缩小。但是，由于光学卫星成像分辨率越来越高，成像平台的微弱高频振颤、地形高低起伏等复杂因素耦合在一起，宽幅光学遥感图像之间，其至是同时相采集的全色图像与多光谱、高光谱图像之间依然存在较大的相对畸变。如图 3.1(a) 和 (b) 所示，对于某卫星采集的全色与多光谱图像，将全色图像下采样至多光谱图像相同分辨率，并将二者的左上角配准对齐；然后，如图 3.1(e) 所示，将多光谱红光波段、绿光波段和全色波段合成的假彩色图；如图 3.1(c) 所示，在平坦区域，全色与多光谱图像存在较大的相对平移；如图 3.1(d) 所示，在崎岖山区，全色与多光谱图像存在较大的相对形变。

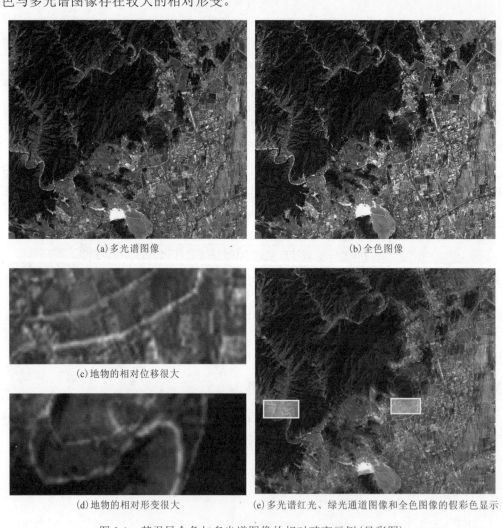

(a) 多光谱图像　　　　　　　　　　　　　　　　(b) 全色图像

(c) 地物的相对位移很大

(d) 地物的相对形变很大　　　　　(e) 多光谱红光、绿光通道图像和全色图像的假彩色显示

图 3.1　某卫星全色与多光谱图像的相对畸变示例(见彩图)

(2) 宽幅多源光学遥感图像的局部畸变差异大

目前，光学遥感卫星成像的空间分辨率越来越高，幅宽越来越大，部分卫星的标准图像产品尺寸已超过 100000 像素×100000 像素/景。单景遥感图像往往涵盖不同地形，而对于不同地形，其局部区域的畸变差异较大。如图 3.1 所示，对于平坦区域，全色与多光谱图像之间相对畸变主要是相对平移；对于崎岖山区，全色与多

光谱图像之间相对畸变体现为平移与形变共存的复合畸变。因此，宽幅多源光学遥感图像配准需要考虑不同局部区域的相对畸变差异。

(3)光学遥感图像的不同波段成像灰度差异大

光学卫星成像传感器工作的光谱波段各不相同，不同光谱波段的图像灰度差异很大，导致在不同波段下提取的配准参照物差异很大。如图 3.2 所示，SIFT 方法[2]从多光谱红光波段、绿光波段、蓝光波段、近红外波段图像，以及全色图像中提取的斑点(也称为特征点)差异极大，这严重影响了配准方法的"重复性"要求，即相同的参照物在输入图像与参考图像中均能找到。因此，宽幅多源光学遥感图像配准需要考虑不同波段对配准参照物提取的影响。

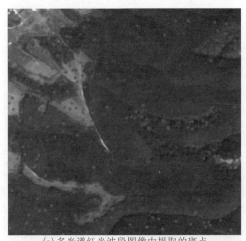
(a)多光谱红光波段图像中提取的斑点

(b)多光谱绿光波段图像中提取的斑点

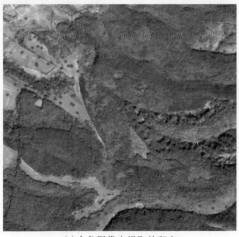
(c)全色图像中提取的斑点

图 3.2　SIFT 方法在不同波段光学遥感图像中提取的斑点示例(见彩图)

(4)不同分辨率图像的配准参照物数量差异大

一般而言，在不同分辨率下，卫星图像中可见的地物存在非常大的差异，高分辨率遥感图像中可见的地物数量远远超过了低分辨率遥感图像。因此，在不同分辨率图像中，配准参照物数量相差极大。以图 3.3 为例，在特定的成像分辨率下，SIFT 方法从海域提取了大量的"斑点"（特征点），这些斑点本质上是海面的波浪；由于成像分辨率的差异，从全色图像中提取的斑点数量远远超过了多光谱图像，这同样影响了配准方法的"重复性"要求，即相同的参照物在输入图像与参考图像中均能找到。因此，宽幅多源光学遥感图像配准需要考虑不同成像分辨率对配准参照物提取数量的影响。

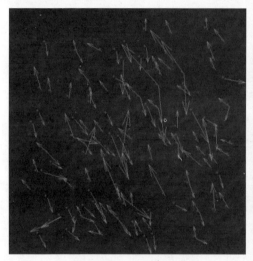

(a)从多光谱图像中海域提取的斑点　　　　　　　(b)从全色图像中海域提取的斑点

图 3.3　SIFT 方法在全色与多光谱图像中提取的斑点示例（见彩图）

3.1.2　技术局限因素导致的配准问题

技术局限因素导致的配准问题，主要指技术不完善或缺陷等因素造成的图像配准问题。由于 SIFT 方法[2]的配准精度高、鲁棒性好，在图像配准中广泛应用，所以本节以 SIFT 方法为基准，分析 SIFT 方法中高斯尺度空间、斑点匹配存在的技术局限性，以及由此导致的图像配准问题。

(1)各向同性高斯尺度空间限制了特征点的定位精度

SIFT 方法的特征点是图像中的斑点。为了能从图像中提取不同大小的斑点作为配准的参照物，SIFT 方法利用各向同性高斯核函数构建了高斯尺度空间，并通过相邻尺度做差，形成高斯差分尺度空间。高斯核函数可以消除图像中噪声对斑点提取的干扰，但它降低了斑点的定位精度，不利于图像的高精度配准[5]。图 3.4(a) 展示了各向同性高斯尺度空间中的图像序列，其中 σ 为尺度参数。由图 3.4(a) 可知，在各向同性高斯尺度空间中，图像空间细节和干扰噪声被"各向同性地"平滑，导致仅能从大尺度特征空间中提取边缘处的斑点，但存在定位精度不足的缺陷[6]。图 3.4(b) 展示了各向异性高斯尺度空间中的图像序列，图像边缘结构经"各向异性地"平滑，可从小尺度的各向异性高斯差分空间中提取斑点。

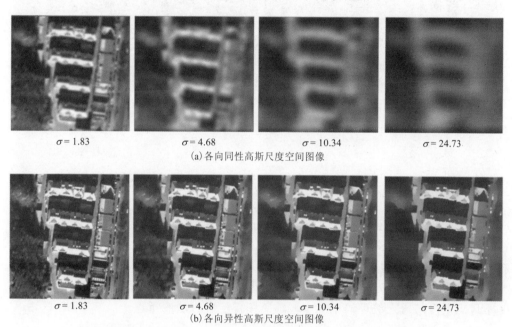

$\sigma = 1.83$　　　　$\sigma = 4.68$　　　　$\sigma = 10.34$　　　　$\sigma = 24.73$

(a) 各向同性高斯尺度空间图像

$\sigma = 1.83$　　　　$\sigma = 4.68$　　　　$\sigma = 10.34$　　　　$\sigma = 24.73$

(b) 各向异性高斯尺度空间图像

图 3.4　各向同性高斯尺度空间与各向异性高斯尺度空间图像序列示例

(2) 地物构成复杂且相似度高，斑点精准匹配难度大

宽幅光学遥感图像包含多种多样的地形地貌，涉及水域、耕地、城市、山林、裸地、沙漠、云雪覆盖等诸多类型。这些复杂地形地貌中包含了大量结构相似地物或乏纹理地物。如图 3.5 所示，在结构相似的储油库区，有大量结构相似的炼油和储油设施，在此背景下存在大量误匹配的斑点对；在乏纹理的水域，斑点的纹理特征高度相似，也出现了大量误匹配的斑点对。因此，面对地形地貌复杂、地物类型繁多的遥感图像，如何构建一套精准且实用的特征点匹配方法是宽幅多源光学遥感图像配准应用的一个关键问题。

针对上述问题，本章阐述了两种一脉相承的遥感图像配准方法——基于斑点尺度与斑点纹理约束的宽幅遥感图像配准方法，以及 DoG 与 VGG 网络结合的遥感图像配准方法。其中，基于斑点尺度与斑点纹理约束的宽幅遥感图像配准方法主要在 SIFT 配准方法的基础上，针对斑点精准定位、精准匹配的技术问题，以及遥感图像自身因素导致的配准问题做出了相关改进，大幅提高了遥感图像配准的精度；DoG

与 VGG 网络结合的遥感图像配准方法主要将 SIFT 配准方法与深度网络结合，进一步提高特征点的提取数量、匹配准确率，从而实现宽幅多源遥感图像的精确配准。

　　(a) 结构相似地物的斑点匹配示例　　　　　　　　(b) 乏纹理区域的斑点匹配示例

图 3.5　全色与多光谱图像中的斑点误匹配示例

3.2　基于斑点尺度与斑点纹理约束的宽幅遥感图像配准方法

基于 SIFT 的遥感图像配准方法是当前应用最广泛的图像配准方法。尽管如此，在遥感图像配准中，SIFT 方法依然面临大量挑战，例如，宽幅多源光学遥感图像的相对畸变大、不同区域畸变差异大、不同波段成像灰度差异大、配准参照物数量差异大、大尺度特征点定位精度和斑点精准匹配等问题。如何有效应对上述挑战，是基于斑点尺度与斑点纹理约束的宽幅遥感图像配准方法的重点。

3.2.1　SIFT 配准方法简介

Lowe 于 1999 年在文献[2]中提出了 SIFT 特征算子，这是特征点检测和匹配研究史上的里程碑，可以处理平移、旋转和缩放等情形下光学图像的配准问题，因此本方法主要利用 SIFT 算子完成全色和多光谱图像的配准。SIFT 算子主要包括特征点的检测、描述和匹配三个步骤，下面首先介绍 SIFT 特征算子，并分析它在全色和多光谱图像配准中存在的问题。

1. SIFT 特征点的检测

SIFT 特征点的检测应用了 Lindeberg 的尺度空间理论[6]，通过检测图像的斑点来提取特征点。其中，斑点是与背景存在灰度或颜色差异的区域。实际上，遥感图像中存在着大量的斑点，如建筑、树木、车辆、船舰等地物都可能构成斑点。正因为如此，SIFT 算子可以从图像中检测到大量的特征点。一般而言，特征点检测包含：高斯差分金字塔 DoG 的构造、极值点的选取与定位、边缘效应点的删除三个步骤。

(1)高斯差分金字塔的构造

如图 3.6 所示，高斯差分金字塔共 O 组，每组有 S 层，下一组图像的第一幅图像由上一组图像的最后一幅图像下采样得到。利用不同尺度的高斯差分核与图像卷积生成金字塔的每层图像，其计算方式如下

$$
\begin{aligned}
D(x,y,\sigma) &= [G(x,y,k\sigma) - G(x,y,\sigma)] * I(x,y) \\
&= G(x,y,k\sigma) * I(x,y) - G(x,y,\sigma) * I(x,y)
\end{aligned}
\tag{3-1}
$$

其中，$[G(x,y,k\sigma) - G(x,y,\sigma)]$ 是高斯差分核，$G(x,y,\sigma)$ 是标准的高斯核函数，σ 是核函数的尺度参数。如式(3-1)所示，高斯差分核与图像卷积等价于两高斯核与图像卷积之差。因此，如图 3.6 所示，在高斯差分金字塔的构造中，相邻层的高斯卷积图像相减生成高斯差分图像，这样可以大大降低高斯差分金字塔构建的计算复杂度。

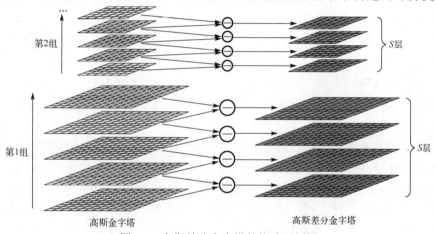

图 3.6　高斯差分金字塔的构建示例图

(2)极值点的选取与定位

在高斯差分金字塔中，极值点是斑点中心，因此可以通过搜索极值点来寻找斑点。为了寻找尺度空间的极值点，每一个采样点要同时与图像域和尺度域的相邻点进行比较。如图 3.7 所示，采样点要与图像域的 8 个相邻点和 2 个相邻尺度域 9×2 个相邻点进行比较。当采样点比 26 个相邻点的取值都大或者都小时，采样点即为高斯差分金字塔的极值点。但是，极值点的搜索是在离散空间而非内连续空间完成的，因此需要对这些极值点进行像元插值，得到亚像素精度的极值点 $\hat{x}$ 和精确的极值 $\hat{D}$。极值点及其极值的计算方法如下

$$
\begin{cases}
\hat{x} = -\left[\dfrac{\partial^2 D}{\partial x^2}\right]^{-1}\left[\dfrac{\partial D}{\partial x}\right]^{\mathrm{T}} \\[3mm]
\hat{D} = D + \dfrac{1}{2}\left[\dfrac{\partial D}{\partial x}\right]^{\mathrm{T}}\hat{x}
\end{cases}
\tag{3-2}
$$

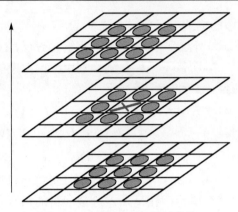

图 3.7　插值点的 26 邻域结构

在式 (3-2) 中，$\hat{x} = (x, y, \sigma)$ 是三元矢量，换而言之，极值点 $\hat{x}$ 处于三维空间中，其空间坐标为 x 和 y，尺度坐标为 σ。当 $\hat{x}$ 在任何一个维度上的偏移大于 0.5 时，意味着插值点已偏移至其相邻点上，删除该插值点。此外，当极值 $\hat{D} < 0.03$ 时，意味着该点容易受到噪声干扰，删除该插值点。

(3) 边缘效应点的删除

由于高斯差分算子对边缘的响应较强，边缘上的极值点往往不是斑点。此外，边缘上的极值点难以精确定位且抗噪声干扰的能力较差。为了得到稳定的特征点，需要删除边缘效应产生的极值点。对于高斯差分图像 D 而言，边缘上的极值点在垂直边缘的方向有较小的主曲率，在边缘延伸的方向有较大的主曲率。主曲率可以利用 Hessian 矩阵 H 进行求解，H 的两个特征值与 D 的两个主曲率成正比。边缘效应仅与曲率的比值 γ 有关，而 γ 与 (矩阵 H 的) 迹 $\mathrm{Tr}(H)$ 和 (矩阵 H 的) 行列式 $\mathrm{Det}(H)$ 之间的关系如式 (3-3) 所示。因此，要判断是否存在边缘效应，只需判断式 (3-3) 中的 α 是否大于设定的阈值，当 α 大于该阈值时，删除该极值点。

$$\alpha = \frac{\mathrm{Tr}(H)^2}{\mathrm{Det}(H)} = \frac{(\gamma + 1)^2}{\gamma} \tag{3-3}$$

需要特别说明的是，SIFT 算子的极值点与特征点并非同一个概念：极值点是指高斯差分空间的极大值点或极小值点；当删除极值小于 0.03 和存在边缘效应的极值点后，保留下来的稳定极值点才称为特征点。

2. SIFT 特征点的描述

在提取稳定的特征点后，SIFT 方法设计了一种高效的特征描述方法来刻画特征点的局部特征。一个理想的特征描述方法应该具备较强的鲁棒性和独特性，鲁棒性是指特征描述方法刻画的特征对仿射变换、噪声干扰等具有不变性，独特性是指特征描述方法在特征点附近的纹理和形状等特性发生变化时，能够有效地捕获这一变化。SIFT 算子通过构造鲁棒性和独特性较强的梯度直方图算子来描述特征点的局部特征。该梯度直方图算子主要包括特征点方向的分配和特征矢量的生成两个步骤。

（1）特征点方向的分配

为了实现特征点局部特征的旋转不变性，根据特征点附近的梯度分布来确定特征的基准方向。首先，对于检测到的任一特征点 (x, y, σ)，将其与标准高斯核 $G(x, y, \sigma)$ 进行卷积，得到高斯图像 $L(x, y)$。接着，计算以特征点为中心，以 $3 \times 1.5\sigma$ 为半径的区域内图像梯度的幅角 $\theta(x, y)$ 和幅值 $m(x, y)$，如式（3-4）所示。然后，将幅值图与标准高斯核 $G(x, y, 1.5\sigma)$ 进行卷积，再按幅角对这些幅值进行直方图统计，其中直方图共 36 个柱，每 $10°$ 为一个柱。直方图的峰值所在的幅角即特征点的主方向，能量超过主方向 80% 的幅角称为辅方向。最后，将主方向和辅方向分配给特征点，换言之，一个特征点可以具有多个方向。

$$\begin{cases} \theta(x, y) = \arctan[L(x, y+1) - L(x, y-1)] / [L(x+1, y) - L(x-1, y)] \\ m(x, y) = [(L(x+1, y) - L(x-1, y))^2 + (L(x, y+1) - L(x, y-1))^2]^{1/2} \end{cases} \tag{3-4}$$

（2）特征矢量的生成

SIFT 特征矢量是特征点邻域内图像梯度的一种统计，且该统计在特征点对应尺度（σ）的高斯图像上进行。首先，为了保证特征矢量具有旋转不变性，将特征点 (x, y) 邻域内的梯度旋转一个方向 $\theta(x, y)$。然后，将特征点邻域内的梯度图划分为 $B_P \times B_P$ 个子区域，每个区域的大小为 $m\sigma \times m\sigma$ 个像素，其中，$m = 3$ 且 $B_P = 4$。最后，在每个子区域内计算 8 方向的梯度直方图，其中，每个方向的范围为 $45°$，这样便形成了 $4 \times 4 \times 8 = 128$ 维的 SIFT 特征矢量。

3. SIFT 特征点的匹配

前述步骤提取的 SIFT 特征点是图像结构最稳定的（局部）区域，当光照、旋转、尺度等发生变化时，该点的特征矢量基本保持不变。在理想状态下，如果两个特征点的特征矢量距离很小，则这两个特征点是一对同名控制点，即这两个特征点是同一位置的两次成像；反之，如果二者的距离很大，则这两个特征点不是同名控制点。特征点匹配就是利用该思路搜索匹配点对，它主要包括特征矢量的匹配和误匹配点的删除两个步骤。

（1）特征矢量的匹配

特征点的匹配本质上是高维无序数据的查询，主要利用距离函数在高维数据集中检索查询点的近邻。针对如何快速而准确地找到查询点的近邻，研究人员已经做了大量的工作，提出了许多高维空间索引结构[7-9]。索引结构中的相似查询可以分为范围查询和 K-近邻查询两类。其中，范围查询是在给定查询点和查询距离阈值 Δ 的条件下，从数据集中找出查询点 Δ 间距内的所有特征点；K-近邻查询是在给定查询阈值条件下，从数据集中找出距查询点最近的 K 个数据。在特征点的匹配中，由于特征数据往往呈现簇状聚类形态，在此情形下，构建索引结构可以加快特征匹配的计算速度，因此研究人员往往利用基于索引结构的方法进行特征匹配，如 R-树[8]和 Kd-树[9]。

　　与其他索引结构相比，Kd-树具有如下优势：在 Kd-树的构造过程中，特征数据的分割平面会随数据的统计特性移动，易于刻画特征数据的聚簇特性和区分不同簇的数据点；Kd-树切分空间的局部分辨率可以调整，在数据点密集的区域可以利用更深的树结构来充分切割；可以调节 Kd-树切割面的法平面来适应数据集的统计分布特性。因此，Kd-树在 SIFT 特征点的匹配过程中被广泛应用。此外，由于 Kd-树的搜索过程存在大量的回溯，研究人员将 BBF(Best-Bin-First)[10, 11]机制引入 Kd-树中，以优先检索最邻近点可能性较高的空间，提高了 Kd-树的搜索效率。尽管如此，当特征点的个数大于 10000 时，特征点的匹配依然较耗时。

　　(2) 误匹配点的删除

　　由于特征矢量的匹配仅考虑了 SIFT 特征点的局部纹理特征，获取的匹配点对可能是错误的。因此，采用随机抽样一致性检验 RANSAC(Random Sample Consensus)[12]来删除误匹配点。RANSAC 的基本思想如下：利用采样和验证策略，求解满足大部分匹配点对的变换参数，从而达到删除少数误匹配点对的目的。RANSAC 含有大量的迭代计算，每次迭代计算均从数据集中抽取少量的匹配点对，计算变换参数，然后统计数据集中符合该模型的样本数目，并且将符合数目最多的变换参数作为所有匹配点对的变换参数。

3.2.2　宽幅全色与多光谱图像的子块划分

　　全色和多光谱图像的相对畸变很大，且各局部区域的相对畸变各不相同，导致几何变换模型难以纠正二者的相对畸变。针对该问题，本方法将全色和多光谱图像划分为多个较小的子块，将大图像的复杂畸变转化为小图像的简单畸变，然后利用仿射变换纠正子块的简单畸变，其中，a_1、a_2、a_3、a_4、a_5、a_6 是仿射变换的 6 个参数，v_i^x、v_i^y、u_i^x、u_i^j 分别为仿射变换前后的 x 和 y 坐标，如式(3-5)所示。在图像分块之前，需要确定全色与多光谱图像的重合区域，具体方法如下：首先利用双线性插值将多光谱图像上采样至全色图像相同的分辨率，然后利用遥感图像的经纬度定位或者相位相关性匹配等方式确定全色和多光谱图像的重合区域。

$$\begin{bmatrix} a_1 & a_2 \\ a_3 & a_4 \end{bmatrix} \begin{bmatrix} v_i^x \\ v_i^y \end{bmatrix} + \begin{bmatrix} a_5 \\ a_6 \end{bmatrix} = \begin{bmatrix} u_i^x \\ u_i^j \end{bmatrix} \tag{3-5}$$

　　本方法将全色和多光谱图像的重合区域拆分为一系列的子块，其中，每个网格的大小为 M 像素×M 像素。如图 3.8 所示，考虑到各子块之间无缝拼接，每个图像子块均向四周拓展 m 个像素，因而子块的实际大小为 $(M+2m)$ 像素 × $(M+2m)$ 像素。

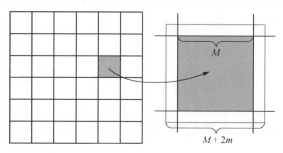

图 3.8 重合区域的划分示意图

在大多数情况下，单个仿射变换可以准确地纠正大小为 1000 像素×1000 像素图像子块的相对畸变，因此 M 的最优经验取值为 1000。此外，对于大小为 1000 像素×1000 像素全色和多光谱图像子块，二者的相对偏移一般小于 200 像素，因此 m 的最优经验取值为 200。此时，虽然整个图像的畸变很大，且每个子块的畸变各不相同，但在大多数情况下利用单个仿射变换可以准确地纠正图像子块的畸变。

3.2.3 基于相位相关性的图像子块粗配准

在每个图像子块内，全色和多光谱图像的相对畸变基本处处相同，通常表现为较大的偏移以及微幅的旋转与伸缩。一般而言，利用仿射变换可以同时纠正全色和多光谱图像子块之间的大距离偏移以及微幅的旋转与伸缩。但是，在实际应用中，二者粗配准还存在以下问题：如图 3.9 所示，图像子块存在相对偏移，不能完全重合，非重叠区域的特征点干扰重叠区域的特征点匹配；不能有效地限定特征点匹配的搜索范围，大范围地搜索特征点容易造成误匹配。

特征点的
搜索范围大，
容易出现误
匹配

非重叠区域
干扰重叠
区域特征点的
正确匹配

重叠区域

(a) 全色和多光谱图像子块的假彩色显示

(b) 粗配准的全色和多光谱图像子块

图 3.9 全色和多光谱图像子块的粗配准

考虑到全色和多光谱图像子块的相对旋转与伸缩较小，本方法利用相位相关性匹配[13]计算多光谱图像相对全色图像的整体位移。

　　首先，计算全色和多光谱图像子块的互功率谱 E，参见式(3-6)，其中，F_1 为全色图像的傅里叶变换，F_2^* 为上采样多光谱图像傅里叶变换的复共轭；然后，计算互功率谱 E 的逆傅里叶变换 $F^{-1}(E)$，搜索 $|F^{-1}(E)|$ 峰值点的坐标。如图 3.9(b)所示，该坐标代表了全色和多光谱图像子块之间的相对偏移。根据计算得到的偏移量，从全色图像中重新读取全色图像子块，得到无相对偏移的全色和多光谱图像子块。此时，全色和多光谱图像子块之间基本不存在相对偏移，有利于特征点的准确匹配和快速搜索。

$$E = \frac{F_1(u,v)F_2^*(u,v)}{|F_1(u,v)F_2^*(u,v)|} \tag{3-6}$$

3.2.4　基于各向异性高斯尺度空间的特征点提取

　　针对不同波段成像灰度差异大、大尺度特征点定位精度高低的问题，本方法采用最小二乘法，对多光谱图像的各个波段进行线性加权，合成"与全色图像灰度一致的"低分辨率全色图像，消除显著灰度差异对特征点提取的影响；然后，构建各向异性高斯尺度空间，由相邻层的各向异性高斯卷积图像相减建立各向异性高斯差分空间并提取特征点。

　　(1)低分辨率全色图像拟合

　　本方法首先对多光谱图像各个波段进行最小二乘拟合计算各个波段的加权系统，然后通过各个波段的线性加权生成低分辨率全色图像。令 x 和 y 为图像的像素坐标，K 为多光谱图像的波段总数；同时，将全色图像将采样至多光谱相同空间分辨率，并记为 $\boldsymbol{P}_{xy}$，令 μ_k 为多光谱图像第 k 波段图像 $\boldsymbol{M}_{xy}^k$ 的加权系数。如式(3-7)所示，假定 $\boldsymbol{P}_{xy}$ 与 $\boldsymbol{M}_{xy}^k$ 之间存近似线性关系。此时，可以采用最小二乘法求解式(3-8)的加权系数。最后，利用求解的加权系数 $\hat{\mu}_1, \cdots, \hat{\mu}_K$ 对多光谱图像进行线性加权，可得到拟合的低分辨率全色图像。

$$\boldsymbol{P}_{xy} \approx \sum_{k=1}^{K} \mu_k \boldsymbol{M}_{xy}^k \tag{3-7}$$

$$\hat{\mu}_1, \cdots, \hat{\mu}_K = \arg\min_{\mu_1, \cdots, \mu_K} \left(\boldsymbol{P}_{xy} - \sum_{k=1}^{K} \mu_k \boldsymbol{M}_{xy}^k \right)^2 \tag{3-8}$$

　　(2)各向异性高斯差分空间

　　为了解决高斯尺度空间图像的边缘模糊问题，研究人员利用 PM 方程(Perona-Malik Equation)构造各向异性尺度空间[14]。

$$\begin{cases} L(x,y,t)/\partial t = \mathrm{div}(c(\|\nabla L\|)\nabla L) \\ L(x,y,0) = L_0(x,y) \\ c(\|\nabla L\|) = \exp[-(\|\nabla L\| / K)^2] \end{cases} \tag{3-9}$$

其中，div 和 ∇ 分别是散度算子和梯度算子，L 为 t 时刻的图像，L_0 为原始图像，函数 $c(x)$ 为扩散系数。

在 PM 方程中，图像像素梯度的幅值 $\|\nabla L\|$ 控制扩散系数的取值，如果 $\|\nabla L\| \ll K$，则 $c(\|\nabla L\|)$ 趋向于 1，方程 (3-9) 转化为线性热扩散方程，可有效去除噪声；如果 $\|\nabla L\| \gg K$，则 $c(\|\nabla L\|)$ 趋向于 0，方程转化为全通滤波器，可有效保持边缘。Alcantarilla 在文献 [15] 中介绍了利用 PM 方程构建各向异性尺度空间的方法，将提取出的特征点命名为 KAZE 特征点；同时，从理论和实验上，证明了 KAZE 特征在不同的变换条件下比 SIFT 特征具有更好的鲁棒性和稳定性。但是，PM 方程是采用数值迭代方式构建尺度空间，存在计算耗时且不容易收敛的问题。

因此，本方法采用各向异性高斯滤波建立各向异性尺度空间。令尺度空间中的尺度参数 σ 为各向异性高斯滤波 u 轴的尺度 σ_u，随着尺度 σ 的不断增加，各向异性高斯滤波 u 轴的尺度 σ_u 也随之增加，而 v 轴的尺度 σ_v 根据图像的"二次矩"矩阵自适应确定。

假设将各向异性高斯尺度空间中图像分为 O 组，每组 S 层。与 SIFT 方法类似，下一组图像利用上一组图像的隔点采样生成。不同的组和子层分别通过序号 o 和 s 来标记，并且通过式 (3-10) 与尺度空间尺度参数 σ 对应。

$$\sigma(o,s) = \sigma_0 2^{(o+s)/S}, \quad o \in [0,\cdots,O-1], \quad s \in [0,\cdots,S-1] \tag{3-10}$$

对于尺度空间中第 o 组、第 s 层图像，利用各向异性高斯滤波对其进行滤波，即

$$L(x,y,\sigma(o,s)) = I(x,y) \otimes G(x,y,\sigma_u,\sigma_v,\theta) \tag{3-11}$$

其中，$\otimes$ 为卷积运算符，$\sigma_u = \sigma(o,s)$，σ_v 根据图像二次矩矩阵自适应确定，方向角 θ 根据式 (3-4) 确定。不同尺度 σ 所对应的滤波图像 $L(x,y,\sigma(o,s))$ 组成的图像序列构成了各向异性高斯尺度空间。

在各向异性高斯尺度空间构建的基础上，由相邻层的各向异性高斯卷积图像相减可以建立各向异性高斯差分空间。假设各向异性高斯尺度空间中同一组相邻两层的图像为 $L(x,y,\sigma(o,s))$ 与 $L(x,y,k\sigma(o,s))$，则将二者相减可得到对应的各向异性高斯差分图像，其计算方法如下

$$D(x,y,\sigma(o,s)) = L(x,y,k\sigma(o,s)) - L(x,y,\sigma(o,s)) \tag{3-12}$$

本节从高分二号卫星全色图像中筛选了包含显著边缘结构的弱纹理图像来分析各向同性高斯差分空间与各向异性高斯差分空间的特征点检测性能。在该实验中，分别利用 SIFT 方法 (各向同性高斯差分空间) 和本方法 (各向异性高斯差分空间) 从全色图像中提取了特征点。图 3.10 直观展示了各向异性高斯差分空间的优势：本方法能从边缘结构处提取大量的特征点，相比而言，SIFT 方法从边缘结构处提取的特征点数量远少于本方法。

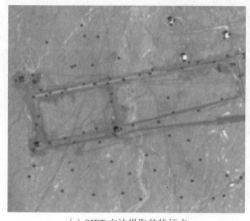

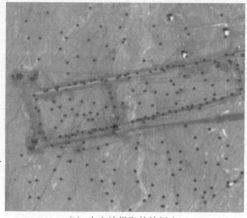

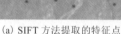
（a）SIFT 方法提取的特征点　　　　　　　　（b）本方法提取的特征点

图 3.10　各向同性与各向异性高斯差分空间特征点提取

3.2.5　基于斑点尺度与斑点纹理约束的图像子块精配准

针对配准参照物数量差异大和斑点误匹配率高的问题，本方法在特征点匹配中综合利用了斑点的纹理相似性与斑点的尺度相似性[16]，并利用 GLOH（Gradient Location Orientation Histogram）算子[17]描述特征点的纹理特征，从而提出了基于斑点尺度与斑点纹理约束的图像子块精配准方法。

（1）特征点的纹理描述方法

为了增强描述子的鲁棒性与独特性，本方法利用 GLOH 算子描述特征点的纹理特征，将 SIFT 方法的 4×4 的棋盘格子块改成仿射状的对数-极坐标同心圆，对数-极坐标的半径分别为 6、11 和 15，角度方向分为 8 等份，每等份为 $\pi/4$，共划分为 17 个子区域，如图 3.11 所示。这种划分法可以使特征点对于邻近的像素梯度的变化更加敏感。每个子块中，按照 SIFT 方法计算灰度梯度直方图，其中，梯度角度划分为 8 个方向，然后各子区域的梯度直方图拼接成一个向量，得到一个 8×17=136 维的向量。与 SIFT 方法一样，对于得到的矢量，先进行归一化，然后对于大于 0.2 的值进行截取，再进行一次归一化。

为了降低特征点描述向量的维数、提高特征点匹配的效率，借鉴机器学习中主成分分析的原理，将所有特征点作为样本进行学习，生成特征空间的投影矩阵，根据投影空间矩阵对特征描述子进行降维。利用机器学习生成投影空间矩阵的具体计算过程如下：

步骤 1：将 N 个特征点的描述向量拼合为矩阵 $A_{N\times136}$；

步骤 2：计算矩阵 A 的协方差矩阵，并截取协方差矩阵的前 136×64 维特征构成投影矩阵 $M_{136\times64}$；

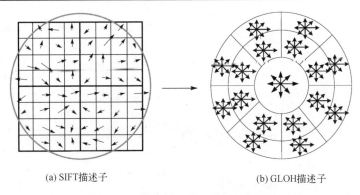

(a) SIFT描述子　　　　　　　　　　　　(b) GLOH描述子

图 3.11　SIFT 描述子与 GLOH 描述子

步骤 3：将矩阵 $\boldsymbol{A}_{N\times136}$ 与投影矩阵 $\boldsymbol{M}_{136\times64}$ 相乘，得到降维的矩阵 $\boldsymbol{B}_{N\times64}$。其中，矩阵 $\boldsymbol{B}_{N\times64}$ 的每一行即为一个特征点的纹理描述向量。

(2)纹理相似性与尺度相似性的特征点匹配方法

SIFT 特征方法未考虑斑点物理尺寸，大幅增加了匹配搜索量与误匹配率[18]。一般而言，SIFT 方法采用 2 倍比率对遥感图像逐步下采样，同时下采样图像中检测特征点(斑点)。在遥感图像中，每个像素点的地表采样间距基本相同；如图 3.12 所示，可以推断，斑点的物理尺寸越大，其 SIFT 特征点的尺度也越大。因此，在 SIFT 特征点的匹配中，特征点的合理匹配范围是"相同空间分辨率下检测的特征点"[19]。换言之，特征点的匹配应满足尺度相似性约束——"相同空间分辨率下检测的特征点具有相似的检测尺度"。这样既可以减少特征点匹配的计算量，还可以避免不同分辨率的特征点相互干扰，造成误匹配。

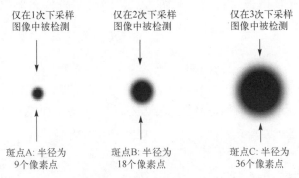

仅在1次下采样　　仅在2次下采样　　　仅在3次下采样
图像中被检测　　　图像中被检测　　　图像中被检测

斑点A: 半径为　　斑点B: 半径为　　斑点C: 半径为
9个像素点　　　　18个像素点　　　　36个像素点

图 3.12　斑点的尺寸与 SIFT 特征点检测的关系

特征点的相似性度量是用来判断两个特征点是否相似性的标准。本方法的相似性度量由纹理相似性与尺度相似性两部分构成。令 $p_i(H_i, r_i(d_R, \sigma_i))$ 为参考图像的特征点，$q_j(H_j, r_j(d_S, \sigma_j))$ 为输入图像的特征点，H_i、H_j 为特征点 p_i、p_j 的纹理特征向量(H_i 和 H_j 的维度为 K)，r_i、r_j 为特征点 p_i、p_j 的斑点尺度，σ_i、σ_j 为特征

点 p_i、p_j 的检测尺度，d_R、d_S 为参考图像和输入图像的空间分辨率。此时，特征点 p_i、p_j 的相似性度量计算方法如下

$$\text{sim}(p_i, q_j) = \alpha\,\text{dis}(H_i, H_j) + (1 - \alpha)\,\text{dis}(r_i, r_j) \tag{3-13}$$

其中，α 为权重系数，经验值为 $\alpha = 0.5$。$\text{dis}(A, B)$ 表示 A、B 的距离，具体如下

$$\begin{cases} \text{dis}(H_i, H_j) = \dfrac{1}{2}\sum_{k=1}^{K} \dfrac{(H_i(k) - H_j(k))^2}{H_i(k) + H_j(k)} \\[3mm] \text{dis}(r_i, r_j) = \dfrac{|r_i - r_j|}{r_i + r_j} = \dfrac{|d_R\sigma_i - d_S\sigma_j|}{d_R\sigma_i + d_S\sigma_j} \end{cases} \tag{3-14}$$

其中，$H_i(k)$、$H_j(k)$ 表示特征点 p_i、p_j 第 k 维的纹理特征向量，σ_i、σ_j 为特征点 p_i、p_j 的检测尺度，d_R、d_S 为参考图像和输入图像的空间分辨率。

在确定了特征点的相似性度量计算方法之后，本方法采用双向最近邻/次近邻比值法[18]筛选特征点对。其具体计算过程如下：

步骤 1：对于参考图像中的某个特征点 p，利用最近邻/次近邻比值法查找输入图像中对应的特征点 q；

步骤 2：对于输入图像中的特征点 q，利用最近邻/次近邻比值法查找参考图像中对应的特征点 p'，如果 p 和 p' 是同一个特征点，则说明 p' 和 q 是正确匹配的特征点对。

利用双向最近邻/次近邻比值法，可有效地消除特征匹配中存在的"一对多"现象。为验证纹理相似性与尺度相似性结合的特征点匹配策略，本方法对图 3.1 所示的全色与多光谱图像进行特征点匹配，并输出 4 米与 8 米空间分辨率下特征点的匹配情况。由图 3.13 可知，通过引入尺度约束，本方法实现了特征点的精准匹配。

(3) 图像子块的相对畸变精确纠正

在大多数情况下，单个仿射变换可以精确地纠正图像子块的相对畸变。但在部分相对畸变较大的区域，例如，当图像子块位于山区与平原交界处，山区的畸变与

　　全色图像　　　　　多光谱图像　　　　　全色图像　　　　　多光谱图像

(a) 4 米分辨率的特征点　　　　　　　　　(b) 8 米分辨率的特征点

(c) 4 米分辨率的特征点相互匹配　　　　　　(d) 8 米分辨率的特征点相互匹配

图 3.13　同分辨率的 SIFT 特征点相互匹配示例

平原的畸变不一样，采用单个仿射变换不能完全纠正图像子块的相对畸变。为了判断图像相对畸变的大小，本方法将图像子块(大小为 1000 像素×1000 像素)沿水平和垂直方向划分为四个相同大小的小子块，每个小子块在水平和垂直方向均相互重叠 20%，大小为 600 像素×600 像素，然后判断大子块与小子块的畸变是否一致。

　　具体的判断方法如下：首先，利用 RANSAC 算法[20]删除误匹配点对，并利用最小二乘法计算图像子块的仿射变换参数，式(3-15)和式(3-16)给出了仿射参数的计算方法，其中，(v_i^x, v_i^y) 和 (u_i^j, u_i^j) 为配准控制点对；然后，将图像子块沿水平和垂直方向划分为四个相同大小的小子块，利用 RANSAC 算法删除小子块内的误匹配点对。在此基础上，利用小子块的特征点计算仿射变换参数，并利用大子块的所有特点计算仿射变换参数；最后，将小子块与大子块的仿射变换参数进行比较：若小子块与大子块仿射参数的绝对差之和均小于 0.001，说明大子块的相对畸变较小，在此情况下利用大子块的仿射变换参数纠正小子块的相对畸变；否则，利用小子块的仿射变换参数纠正大子块图像的相对畸变。需要说明的是，当小子块的配准控制点对数量少于 30 时，配准控制点对数量过少，小子块仿射变换参数的可靠性低，仍然利用大子块的仿射变换参数纠正小子块的相对畸变。

$$
\begin{bmatrix} a_1 \\ a_3 \\ a_5 \end{bmatrix} = \left[\begin{bmatrix} v_1^x & v_1^y & 1 \\ v_2^x & v_2^y & 1 \\ & \cdots & \\ v_N^x & v_N^y & 1 \end{bmatrix}^{\mathrm{T}} \begin{bmatrix} v_1^x & v_1^y & 1 \\ v_2^x & v_2^y & 1 \\ & \cdots & \\ v_N^x & v_N^y & 1 \end{bmatrix} \right]^{-1} \begin{bmatrix} u_1^x \\ u_2^x \\ \vdots \\ u_N^x \end{bmatrix} \tag{3-15}
$$

$$
\begin{bmatrix} a_2 \\ b_2 \\ t_2 \end{bmatrix} = \left[\begin{bmatrix} v_1^x & v_1^y & 1 \\ v_2^x & v_2^y & 1 \\ & \cdots & \\ v_N^x & v_N^y & 1 \end{bmatrix}^{\mathrm{T}} \begin{bmatrix} v_1^x & v_1^y & 1 \\ v_2^x & v_2^y & 1 \\ & \cdots & \\ v_N^x & v_N^y & 1 \end{bmatrix} \right]^{-1} \begin{bmatrix} u_1^y \\ u_2^y \\ \vdots \\ u_N^y \end{bmatrix} \tag{3-16}
$$

3.2.6　实验结果和分析

（1）实验数据集

实验图像为我国高分二号卫星采集的全色与多光谱遥感图像。其中，全色图像的空间分辨率为 1 米，多光谱图像的空间分辨率为 4 米，数据的有效位宽为 10 比特。根据图像相对畸变的大小，可以将实验数据分为两类。如图 3.14 所示，第一类实验数据是一级标准遥感图像产品图像。其中，全色图像大小约为 12000 像素×12000 像素，多光谱图像大小约为 3000 像素×3000 像素。

(a)多光谱图像　　　　　　　　　　　　　　　(b)全色图像

图 3.14　一级标准图像产品

如图 3.15 所示，第二类实验数据是二级标准遥感图像产品图像，其中，全色图像大小约为 14500 像素×14500 像素，多光谱图像大小约为 3500 像素×3500 像素。

(a)多光谱图像　　　　　　　　　　　　　　　(b)全色图像

图 3.15　二级标准图像产品

需要特别指出的是，由于某些原因，二级标准遥感图像产品的生产处理增大了全色与多光谱图像之间的相对畸变，即第二类实验数据比第一类实验数据的相对畸变大。

在分块配准的情况下，仿射变换可以更准确地纠正第二类图像的相对畸变。考虑到不同内容的图像中 SIFT 特征点的数量存在较大差异，如城市的 SIFT 特征点很多，而(包含岛屿的)海洋和沙漠的 SIFT 特征点相对较少；同时，不同内容图像的相对畸变也存在较大差异，海洋和沙漠的相对畸变较小，山区的相对畸变较大。因此，本方法进一步将实验数据分为平原城市、山区城镇、岛屿和沙漠四个类别，如表 3.1 所示。

表 3.1　图像配准实验数据集概况

类型	图像的主要内容	全色和多光谱实验图像的数量/景		
		第一类图像	第二类图像	共计
平原城市	房屋、机场或港口	17	17	34
山区城镇	山丘、房屋或机场	12	12	24
岛屿	大面积的水域和岛屿	5	5	10
沙漠	机场、兵营和沙丘	4	4	8

(2)配准误差计算方法

本方法采用子块划分的方式来计算输入图像与参考图像之间的配准误差：首先，将参考图像与配准的多光谱图像均匀地划分成 256 像素×256 像素大小的图像子块；接着，利用相位相关法计算每对子块的相对偏移；然后，通过拟合相位相关峰值点附近的曲面来确定亚像素精度的偏移量[13]，并利用该偏移量来衡量图像子块的配准精度。最后，利用所有子块偏移量的均值来刻画参考图像与配准的多光谱图像的配准精度。因此，该均值越小，配准精度越好。此外，每景实验图像的尺寸基本相同，利用每景图像配准的耗时来评价配准方法的计算速度。

(3)图像配准的精度分析

SIFT 配准方法是当前应用效果最好、研究最为广泛的自然图像配准方法。针对遥感图像配准应用，本方法对传统的 SIFT 配准方法进行了深入的改进，包括：输入图像与参考图像的子块划分、图像子块的相位相关粗配准、各向异性高斯差分尺度空间的构建、尺度相似性与纹理相似性结合的特征点匹配等。经过上述改进，本方法的配准精度与鲁棒性大幅提高，在遥感图像高级产品的生产中被广泛应用。图 3.16 展示了本方法的全色与多光谱遥感图像配准效果；通过目视观察可知，配准图像的棋盘格边界处全色图像与多光谱图像的地物精准对齐，表明全色与多光谱图像精确地配准了。

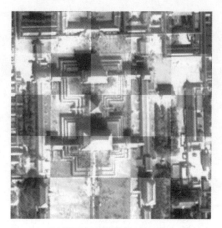 

(a)城区配准图像的局部显示　　　　　　　　(b)港口区域配准图像的局部显示

图 3.16　配准图像的棋盘格叠加显示

　　在文献[21]中，Goncalves 提出了基于图像分割与 SIFT 特征的自动配准方法(简称 Goncalves 方法)，并将其用于全色与多光谱图像配准。该方法是在权威期刊上发表的常用经典 SIFT 配准方法。在配准实验中，本方法与 Goncalves 方法进行对比，并分析二者的配精准度和计算时间差异。图 3.17 展示了本方法与 Goncalves 方法对一级标准图像产品的配准效果；在整体上，本方法与 Goncalves 方法实现了一级标准图像产品的精确配准；但在乏纹理区域，如图 3.17(d)所示，Goncalves 方法配准图像的棋盘格边界处的航迹有微小错位，表明其未精确配准。相比而言，如图 3.17(c)所示，本方法在乏纹理区域依然能精确地实现图像的配准。

(a)本方法配准图像的棋盘格显示　　　　　　(b)Goncalves 方法配准图像的棋盘格显示

 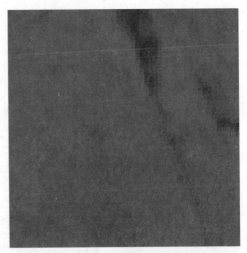

(c)本方法配准图像局部的棋盘格显示   (d)Goncalves 方法配准图像局部的棋盘格显示

图 3.17 本方法与 Goncalves 方法对一级标准图像产品的配准示例

表 3.2 给出了本方法与 Goncalves 方法的配准精度,取值越小,配准精度越高。总体而言,第一类实验数据比第二类实验数据的配准精度高,这主要是由于第二类实验数据比第一类实验数据的相对畸变大。由表 3.2 中的实验结果可知,对于内陆城市、滨海城市、岛屿和沙漠这四类区域,本方法的配准精度均优于 Goncalves 方法,且对于岛屿和沙漠区域,本方法的配准精度比 Goncalves 方法高 0.5 个像素。

表 3.2 全色和多光谱图像的配准精度

类型	配准精度(全色像素)			
	Goncalves 方法		本方法	
	一级标准图像产品	二级标准图像产品	一级标准图像产品	二级标准图像产品
内陆城市	0.617	0.903	0.426	0.501
滨海城市	0.734	0.941	0.418	0.491
岛屿	0.891	1.175	0.372	0.375
沙漠	0.865	1.106	0.329	0.332

对于 Goncalves 方法,城市区域的配准精度比岛屿和沙漠区域高,这是因为城区的纹理细节较丰富,通过区域分割使相同区域的特征点相互匹配,匹配的准确率高;而在沙漠和岛屿区域,如图 3.18(c)所示,图像的绝大部分内容都很相似,图像分割往往将其划分为一类,SIFT 特征点的误匹配率很高。

对于本方法,城区的配准精度比岛屿和沙漠区域稍差,这是因为岛屿和沙漠区域地势平坦,畸变比城区图像简单,仿射变换可以更为精准地纠正这类图像的畸变;

如图 3.18(d) 所示，本方法仅将同分辨率的特征点相互匹配，同时使用相对距离约束的特征点的搜索范围，大大降低了特征点的误匹配率。

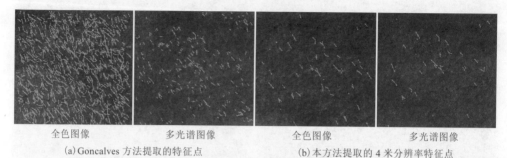

全色图像　　　　　多光谱图像　　　　　　全色图像　　　　　多光谱图像
(a) Goncalves 方法提取的特征点　　　　　(b) 本方法提取的 4 米分辨率特征点

(c) Goncalves 方法的特征点匹配结果　　　　(d) 本方法的特征点匹配结果

图 3.18　本方法与 Goncalves 方法特征点匹配的比较

(4) 图像配准的时间分析

本实验的计算平台采用 8 核 CPU 和 16G 内存，且图像配准算法采用了 OpenMP 并行程序设计，以充分发挥多核 CPU 并行计算的功效。实验数据如表 3.6 所示，其中，一级标准图像产品和二级标准图像产品的实验样本各有 38 个。考虑到配准算法的计算效率，全色和多光谱图像读取、配准计算、配准图像输出这三个阶段紧密耦合在一起。因此，图像的配准耗时包括图像读取、配准计算、图像输出的计算耗时。图 3.19 给出了本方法与 Goncalves 方法的所有实验样本配准耗时。

由图 3.19 可知，对于未经几何校正的图像，本方法每景图像配准的平均耗时为 126.63s，Goncalves 方法的平均耗时为 1275.13s，本方法的计算速度大约为 Goncalves 方法的 10 倍；对于几何校正的图像，本方法每景图像配准的平均耗时为 218.16s，Goncalves 方法的平均耗时为 2633.17s，本方法的计算速度大约为 Goncalves 方法的 12 倍。此外，由于几何校正图像大约是未几何校正图像尺寸的 1.5 倍，所以未几何校正图像比几何校正图像的配准耗时要少：对于本方法而言，二者耗时分别为 126.63s 和 218.16s，对于 Goncalves 方法，二者耗时分别为 1275.13s 和 2633.17s。

总体而言，本方法的计算速度比 Goncalves 方法快 10 倍以上，其原因在于：在 SIFT 特征点提取过程中，本方法结合遥感图像的特征点，仅提取了可有效配准图像的特征点，忽略了大部分干扰图像准确配准的特征点，特征点提取的计算耗时很少；在 SIFT 特征点的匹配过程中，仅将同分辨率的特征点相互匹配，并利用相对距离约束的特征点的搜索范围，有效地降低了特征点匹配的计算耗时。

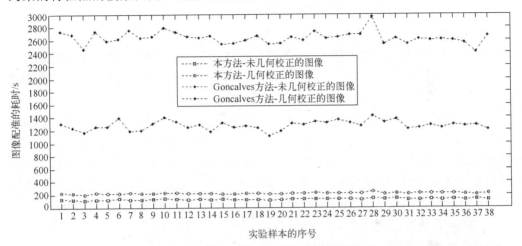

图 3.19　宽幅遥感图像配准的计算耗时

3.3　DoG 与 VGG 网络结合的遥感图像配准方法

SIFT 方法利用方向梯度直方图（Histogram of Oriented Gradient，HOG）来描述斑点的纹理特征[22]。受遥感图像成像的局部畸变和灰度差异的影响，以及 HOG 算子描述能力的限制，传统 SIFT 方法经常发生大量的误匹配，极大地制约了遥感软件中自动配准技术的发展。为了提高特征点（斑点）特征的描述能力和匹配准确率，本方法将 DoG 与 VGG 深度卷积神经网络（简称 VGG 网络[23]）结合起来，一体化地提取特征点及其局部特征，实现特征点的准确匹配。

3.3.1　特征点误匹配原因分析

SIFT 方法构造了一个较强纹理描述能力的 HOG 来描述特征点的局部特征。HOG 主要包括纹理矢量和纹理方向。纹理方向主要用于特征点对的纹理特征对齐，以便实现特征点局部特征的旋转不变性。但是，SIFT 方法中特征点纹理描述存在显著的缺陷：HOG 方向多义性、HOG 特征多义性。

（1）HOG 方向多义性

HOG 的纹理方向计算方法如下：①对于检测到的任一特征点，将其与标准高斯核进行卷积得到高斯图像；②以特征点为中心，在其 $3 \times 1.5\sigma$ 为半径范围内计算图像梯度的幅角和幅值；③将幅值图与标准高斯核进行卷积，并按幅角统计幅值的直方图；④将直方图峰值对应的幅角作为特征点的主方向，并将能量超过主方向 80%的幅角作为辅方向；⑤主方向和辅方向均为特征点的纹理方向。由 HOG 的纹理方向计算方法可知，特征点往往具有多个纹理方向，导致了 HOG 方向多义性。该多义性是产生特征点误匹配的一个重要原因。

　　(2)HOG 特征多义性

　　HOG 是在特征点(检测尺度对应的)高斯图像的局部邻域内计算的一种纹理特征。该特征的计算方法如下：①为了保证特征矢量具有旋转不变性，将特征点邻域内的梯度方向与 HOG 方向对齐；②将特征点邻域内的梯度图划分为若干个子区域；③在每个子区域内计算 8 方向的梯度直方图，每个方向的范围为 45°，形成了 4×4×8＝128 维的 SIFT 特征矢量。利用文献[24]的特征可视化方法对 HOG 特征进行可视化，可以发现 HOG 特征往往呈现出多义性。以图 3.20(a)所示的自然图像为例，其可视化 HOG 极易被误判为汽车。由此可见，HOG 特征多义性是产生特征点误匹配的另一个重要原因。为克服 HOG 的方向多义性与特征多义性，本方法提出了 DoG 与 VGG 网络结合的遥感图像配准方法。

　　　　　　(a)示例图像　　　　　　　　　　　　(b)示例图像的可视化 HOG 特征

图 3.20　HOG 特征多义性示例

3.3.2　DoG 与 VGG 结合的配准网络模型

　　VGG 网络是一种经典的神经网络，其结构简洁、层次清晰，可以准确提取出图像的深层特征，具有很好的泛化性能，在图像分类、目标检测等图像处理任务中广泛应用。同时，许多研究人员将该网络用于遥感图像配准，有效地提高了图像的配准精度：文献[25]～文献[27]以 VGG 为基础构建了图像配准网络，用于提取遥感图像中配准参考物的特征并进行特征匹配，有效提高了正确匹配率。VGG 有五种不同的网络结构，其主要区别在于网络的深度不同，其中，VGG16 和 VGG19 是应用最为广泛的两种网络结构。本方法采用 VGG16 来构建配准网络模型，其结构如图 3.21 所示。

　　由图 3.21 可知，VGG16 网络有 13 个卷积层、3 个全连接层和 5 个池化层。所有卷积层采用的卷积核尺寸都为 3×3，padding 为 1，确保卷积操作前后的特征图尺寸相同；所有的池化层都采用最大池化操作，使得池化后的特征图大小为之前的二分之一；最后的全连接层输出尺寸为 1×1×4096 的特征向量，然后通过 Softmax 逻辑回归得到 1000 维的向量。VGG 是为图像分类而设计的网络模型，不能直接用于图像配准任务。

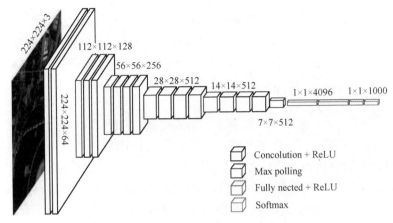

图 3.21　VGG16 网络的结构示意图

　　本方法修改了 VGG16 网络的卷积层数量，仅保留原网络的前 10 层结构，并删除了全连接层，使得网络输出的特征图维度为 $h×w×512$。其中，h 和 w 分别表示特征图的长和宽，512 为特征图的维度。由于图像特征点所在的检测尺度各不相同，计算的特征图尺寸存在差异，不能直接进行特征向量相似性计算。为了解决这一问题，本方法在 VGG 网络加入一个 SPP 结构[28]，使网络模型输出的特征图像具有相同的维度，便于特征的相似性度量。最终，如图 3.22 所示，本方法将 SIFT 方法与深度学习法结合起来，构建一个两步网络。第一步，利用 SIFT 方法的 DoG 网络提取图像，从输入图像与参考图像中提取"斑点"作为特征点；第二步，以特征点作为锚点，利用上述改进的 VGG 网络提取特征点的特征图，并进行相似性计算。

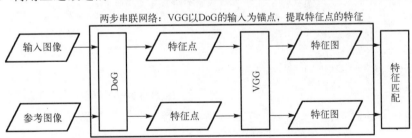

图 3.22　DoG 与 VGG 结合的配准网络模型

　　在模型训练阶段，本方法利用损失函数(Loss Function)来计算输入图像特征点与输出图像特征点之间的相似性，从而实现网络参数的有效学习。本方法采用对比损失函数作为相似性度量，其计算方法如下

$$L(a,b)=\frac{1}{2N}\sum_{n=1}^{N}t×d_{ab}^{2}+(1-t)\max(\Delta-d_{ab},0)^{2} \tag{3-17}$$

其中，d_{ab} 表示特征点 a 与 b 对应特征图的欧氏距离；Δ 为设定的阈值，N 为样本个

数；当特征点 a 与 b 是正确匹配的特征点对时，$t=1$，此时若 d_{ab} 很大，说明当前模型提取的特征图不能很好地描述特征点的特征，应当加大损失值；当特征点 a 与 b 是错误匹配的特征点对时，$t=0$，此时若 d_{ab} 很小，说明发生误匹配，应当加大损失值。

3.3.3 配准网络模型训练样本生成

为了生成大量的训练样本，如图 3.23 所示，本方法利用 SIFT 方法从配准的全色与多光谱图像中抽取 SIFT 特征点，然后根据配准图像间的几何变换关系随机均匀地抽取"正确的匹配点对"和"错误的匹配点对"，形成配准网络模型训练所需的学习样本。为了确保训练模型具备较强的泛化能力，训练样本生成应考虑以下策略：①尽可能选取不同卫星平台采集的全色与多光谱图像，例如，选取高分一号、高分二号、高景一号、QuickBird、WorldView-2 等卫星采集的全色与多光谱图像；②尽可能选择不同季节、不同地貌、不同太阳高度角下采集的全色与多光谱图像；③对全色与多光谱图像的像素值进行线性拉伸等操作，实现训练样本的增广。

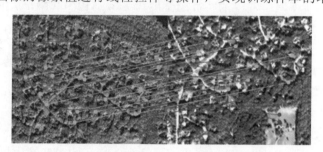

图 3.23 配准网络模型训练样本生成示例

3.3.4 实验结果和分析

(1)数据集与计算平台

实验的计算平台为图形工作站，其配置为 Intel Xeon E2650 CPU @ 2.00GHZ、64 位 Windows10 操作系统。实验数据为我国高分二号卫星及美国 QuickBird 卫星的全色与多光谱一级产品图像。其中，高分二号卫星和 QuickBird 卫星的实验数据各有 5 组。这些图像涵盖了不同地物类型及不同的地物类型，如表 3.3 所示。

表 3.3 全色和多光谱图像配准实验数据概况

	卫星	分辨率/米		组数	图像大小/像素×像素	主要地物类型
		全色	多光谱			
数据集 1	高分二号	1	4	5	10000×10000	建筑、水域、植被、沙漠、山区、道路
数据集 2	QuickBird	0.6	2.4	5	10000×10000	建筑、水域、植被、沙漠、山区、道路

(2)配准误差计算方法

本方法采用子块划分的方式来计算输入图像与参考图像之间的配准误差。首先，将参考图像与配准的多光谱图像均匀地划分成为 256 像素×256 像素大小的图像子块；接着，利用相位相关法计算每对子块的相对偏移；然后，通过拟合相位相关峰值点附近的曲面来确定亚像素精度的偏移量，并利用该偏移量来衡量图像子块的配准精度；最后，利用所有子块偏移量的均值来刻画参考图像与配准的多光谱图像的配准精度。因此，该均值越小，配准精度越好。

(3)图像配准的精度分析

在实验中，将本方法与 SIFT 方法进行了比较。为了得到公平的比较结果，二者均采用相同的仿射模型纠正输入图像的相对畸变。表 3.4 列出了二者配准精度。SIFT 方法的平均配准误差为 0.479 全色像元，本方法的配准误差为 0.394 全色像元。与 SIFT 方法相比，本方法的配准误差降低了 17.75%。如图 3.24 和图 3.25 所示，可见，尽管二者采用相同方法计算配准的特征点，但本方法采用改进的 VGG 网络提取特征点的特征，进一步提高了特征点匹配的准确率。

表 3.4　全色和多光谱图像的配准精度

实验数据		配准精度(全色像元)	
		SIFT 方法	本方法
高分二号卫星数据集	1	0.471	0.312
	2	0.393	0.331
	3	0.410	0.387
	4	0.457	0.411
	5	0.462	0.395
QuickBird 卫星数据集	6	0.491	0.391
	7	0.571	0.445
	8	0.623	0.480
	9	0.364	0.357
	10	0.548	0.429
平均值		0.479	0.394

图 3.24 和图 3.25 是实验数据中局部区域特征点的匹配效果。其中，SIFT 方法存在一定比例的误匹配点对(由斜线标识)，而本方法采用 VGG 网络提取特征的特征点，有效地消除了这些误匹配点对。此外，对比图 3.24(a)和(b)，以及图 3.25(a)和(b)可知，本方法不但消除误匹配点对，同时，正确匹配点对的数量也远优于 SIFT 方法。这是因为，随着特征点描述能力的提高，对于 SIFT 方法中大量未能匹配的特征点，本方法可以建立正确的匹配关系。

(a) SIFT 方法的特征点匹配实验结果

(b) 本方法的特征点匹配实验结果

图 3.24　本方法与 SIFT 方法的高分二号卫星图像特征点匹配实验对比

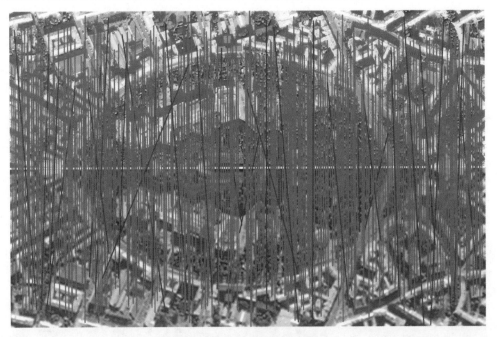

(a) SIFT 方法的特征点匹配实验结果

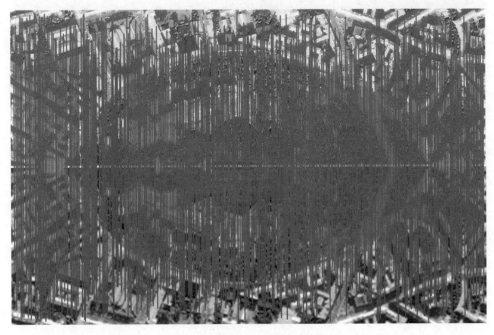

(b) 本方法的特征点匹配实验结果

图 3.25　本方法与 SIFT 方法的 QuickBird 卫星图像特征点匹配实验对比

最后，图 3.26 给出了本方法配准图像的棋盘格交错显示。观察棋盘格的边界区域，可知本方法精准地实现了全色与多光谱图像的精准配准。需要特别说明的是，在特征点的匹配过程中，本方法并未考虑斑点的尺度约束。因此，进一步将尺度约束与深度网络技术结合，是后续研究工作中的一个重点方向。

(a) 高分二号卫星配准图像的棋盘格交错显示

(b) QuickBird 卫星配准图像的棋盘格交错显示

图 3.26　本方法配准图像的棋盘格交错显示

3.4　本 章 小 结

本章首先从图像自身因素和技术局限因素两个方面介绍宽幅多源光学遥感图像配准存在的问题。然后，从相对畸变大、不同区域畸变差异大、不同波段成像灰度差异大、配准参照物数量差异大、斑点特征描述能力不足且容易误匹配的问题出发，阐述了两种一脉相承的遥感图像配准方法——基于斑点尺度与斑点纹理约束的宽幅遥感图像配准方法，以及 DoG 与 VGG 网络结合的遥感图像配准方法。实验分析表明，两种方法可有效地降低特征点的误匹配率，提高了多源光学遥感图像的配准精度。

参 考 文 献

[1] Xu Q, Zhang Y, Li B. Recent advances in pansharpening and key problems in applications. International Journal of Image and Data Fusion, 2014, 5(3): 175-195.

[2] Lowe D G. Object recognition from local scale-invariant features//Proceedings of the 7th IEEE International Conference on Computer Vision, 1999.

[3] Gao F, Dong J, Li B, et al. Automatic change detection in synthetic aperture radar images based on PCANet. IEEE Geoscience and Remote Sensing Letters, 2017, 13(12): 1792-1796.

[4] Zheng J, Xu Q, Zhai B, et al. Accurate hyperspectral and infrared satellite image registration method using structured topological constraints. Infrared Physics and Technology, 2019, 104: 103122.

[5] Pileio G, Levitt M H. Isotropic filtering using polyhedral phase cycles: application to singlet state NMR. Journal of Magnetic Resonance, 2008, 191(1): 148-155.

[6] Lindeberg T. Scale-space theory: a basic tool for analyzing structures at different scales. Journal Applied Statistics, 1994, 21(2): 223-261.

[7] Lowe D G. Distinctive image features from scale-invariant keypoints. International Journal of Computer Vision, 2004, 60(2): 91-110.

[8] 刘芳洁, 董道国, 薛向阳. 度量空间中的高维索引结构回顾. 计算机科学, 2003, 30(7): 23-31.

[9] Guttman A. R-trees: a dynamic index structure for spatial searching//International Conference on Management of Data, 1984.

[10] Bentley J L. Multidimensional binary search trees used for associative searching. Communications of the ACM, 1975, 18(9): 509-517.

[11] Beis J, Lowe D G. Shape indexing using approximate nearest-neighbor search in high-dimensional spaces//International Conference on Computer Vision and Pattern Recognition, 1997: 1000-1006.

[12] Raguram R, Chum O, Pollefeys M, et al. USAC: a universal framework for random sample consensus. IEEE Transactions on Pattern Analysis and Machine Intelligence, 2013, 35(8): 2022-2038.

[13] 孙辉, 李志强, 孙丽娜, 等. 基于相位相关的亚像素配准技术及其在电子稳像中的应用. 中国光学与应用光学, 2010, 3(5): 480-485.

[14] Perona P, Malik J. Scale-space and edge detection using anisotropic diffusion. IEEE Transactions on Pattern Analysis and Machine Intelligence, 1990, 12(7): 629-639.

[15] Alcantarilla P, Bartoli A, Davison A. KAZE features//Computer Vision, 2012.

[16] Xu Q, Zhang Y, Li B. Improved SIFT match for optical satellite images registration by size classification of blob-like structures. Remote Sensing Letters, 2014, 5(5): 451-460.

[17] Wang B, Li Y, Lu Q, et al. Image registration algorithm based on modified GLOH descriptor for infrared images and electro-optical images. Recent Advances in Computer Science and Information Engineering, 2012: 365-370.

[18] Wang X, Li B, Xu Q. Speckle-reducing scale-invariant feature transform match for synthetic aperture radar image registration. Journal of Applied Remote Sensing, 2016, 10(3): 036030.

[19] Wang X, Xu Q, et al. Robust and fast scale-invariance feature transform match of large-size multispectral image based on keypoint classification. Journal of Applied Remote Sensing, 2015, 9(1): 096028-1-096028-20.

[20] Fischler M A, Bolles R C. Random sample consensus: a paradigm for model fitting with applications to image analysis and automated cartography. Readings in Computer Vision, 1987: 726-740.

[21] Goncalves H, Corte-Real L, Goncalves J A. Automatic image registration through image segmentation and SIFT. IEEE Transactions and Geoscience and Remote Sensing, 2011, 49(7): 2589-2600.

[22] 王永明, 王贵锦. 图像局部不变性特征与描述. 北京: 国防工业出版社, 2002.

[23] Simonyan K, Zisserman A. Very deep convolutional networks for large-scale image recognition//International Conference on Learning Representations, San Diego, 2015.

[24] Vondrick C, Khosla A, Pirsiavash H, et al. Visualizing object detection features. International Journal of Computer Vision, 2016, 119(2): 145-158.

[25] Dong Y, Jiao W, Long T, et al. Local deep descriptor for remote sensing image feature matching. Remote Sensing, 2019, 11(4): 430-442.

[26] Ye F, Su Y, Xiao H, et al. Remote sensing image registration using convolutional neural network features. IEEE Geoscience and Remote Sensing Letters, 2018, 15(2): 232-236.

[27] 王少杰, 武文波, 徐其志. VGG 与 DOG 结合的光学遥感图像精确配准方法. 航天返回与遥感, 2021, 42(5): 76-84.

[28] He K, Zhang X, Ren S, et al. Spatial pyramid pooling in deep convolutional networks for visual recognition. IEEE Transactions on Pattern Analysis and Machine Intelligence, 2015, 37(9): 1904-1916.

第 4 章　全色与多光谱图像高保真融合方法

2006 年，我国将"高分辨率对地观测系统重大专项"列入《国家中长期科学与技术发展规划纲要(2006-2020 年)》；2015 年，我国政府批准并实施了《国家民用空间基础设施中长期发展规划(2015-2025 年)》。随着这些高层规划的实施，我国发射了大量搭载全色与多光谱传感器的成像卫星，为融合应用提供了坚实的数据基础。本章首先从"加性变换"和"乘性变换"模型角度，介绍基于整体结构信息匹配的高保真融合方法和基于像素分类与比值变换的高保真融合方法；然后，将深度学习技术引入图像融合研究，介绍基于生成对抗网络的高保真融合方法。

4.1　基于整体结构信息匹配的高保真融合方法

光谱色彩保真和空间细节保真是全色与多光谱图像融合的基本要求。本节首先探讨融合图像的保真定义，然后以分量替换法为例分析融合图像失真的原因。在此基础上，提出基于整体结构信息匹配的高保真融合方法，从而克服传统融合方法因拟合不当产生的失真问题。此外，利用"整体结构信息匹配"思想，改进现有分量替换融合方法，解决了现有分量替换法存在的光谱失真问题。

4.1.1　高保真融合定义

对于全色和多光谱图像的融合，人们需要融合图像满足光谱色彩保真和空间细节保真要求。目前，研究人员并未从机理上给出光谱色彩保真和空间细节保真的定义。本节首先从机理上探讨融合图像的保真定义，然后以基于分量替换法的融合方法(简称分量替换法)为典型代表，分析现有融合方法存在的问题。

人眼视网膜中有锥状体和杆状体两类感光细胞。其中，锥状体感光细胞获取的信息主要用于分辨物体的空间细节信息，杆状体感光细胞获取的信息主要用于分辨物体的整体结构信息。借鉴人眼的信息处理机制，本节将图像信息分为整体结构和空间细节两个部分：整体结构信息主要反映了图像数据的整体走势，内容比较模糊，人眼对图像的强度的感受主要来自于整体结构信息；空间细节信息的变化波动剧烈，主要刻画了图像纹理和边缘，反映了图像局部细节的清晰程度。

多光谱图像的空间分辨率较低，全色和多光谱图像融合的目标是锐化多光谱上采样图像的空间细节，因而全色和多光谱图像融合也被称为全色锐化。虽然，多光谱图像的空间分辨率较低，但反映了地物的光谱反射率，可用于分析地物的材质属性。因此，全色和多光谱图像融合仅能从全色图像中抽取空间细节信息来锐化多光谱图像，若引入了全色图像的整体结构信息则会改变多光谱图像的光谱属性，引起光谱失真。此外，引入至多光谱图像中的空间细节信息必须与全色图像保持一致，否则会导致融合图像的纹理细节模糊不清，影响锐化效果。

根据整体结构和空间细节信息的特点，利用高斯滤波来计算图像的整体结构信息，并将原始图像减去整体结构信息得到空间细节信息。式(4-1)定义了整体结构和空间细节信息的计算过程

$$
\begin{cases}
\boldsymbol{H}(x,y) = \boldsymbol{I}(x,y) * \boldsymbol{G}(x,y) \\
\boldsymbol{D}(x,y) = \boldsymbol{I}(x,y) - \boldsymbol{H}(x,y)
\end{cases}
\tag{4-1}
$$

其中，$\boldsymbol{I}$、$\boldsymbol{H}$、$\boldsymbol{D}$分别表示原始图像、整体结构和空间细节信息，$\boldsymbol{G}$为高斯滤波器，*表示卷积。图 4.1 形象地展示了原始图像、整体结构和空间细节信息的特点。可见，整体结构信息的走势较平滑，空间细节信息则围绕着数值 0 上下剧烈波动。

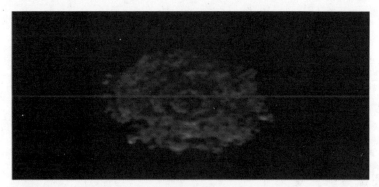

(a) 图像的第68行

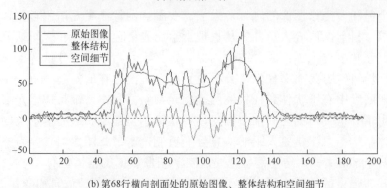

(b) 第68行横向剖面处的原始图像、整体结构和空间细节

图 4.1　原始图像、整体结构与空间细节信息的示例(见彩图)

实际上，全色与多光谱图像融合是全色图像与多光谱上采样图像的融合。如式 (4-2) 所示，多光谱上采样图像比较模糊，主要由整体结构信息构成，仅含有少量

的空间细节信息，因此多光谱上采样图像减去整体结构信息得到的残差接近数值 0。

$$(M \uparrow k) - (M \uparrow k) * G \approx 0 \tag{4-2}$$

其中，$\uparrow k$ 表示 k 倍上采样，M、G 分别为多光谱图像和高斯滤波器。如式(4-3)所示，考虑到(任意)图像的整体结构信息比较模糊，基本不含空间细节信息，因此整体结构信息与其再次高斯滤波结构基本相同。

$$(I * G) \approx (I * G) * G \tag{4-3}$$

其中，I 任意图像。

(1)光谱色彩保真定义

从光谱色彩保真角度来看，融合图像滤除细节信息后应与多光谱上采样图像基本相同。换言之，融合图像的整体结构信息应该与多光谱上采样图像接近，二者的差异越小，光谱色彩保真的效果越好。在理想情况下，融合图像的整体结构信息减去多光谱上采样图像得到的残差围绕 0 取值平面微幅波动，总体而言残差图像处处趋于 0。其中，F、$M \uparrow k$、G 分别为融合图像、多光谱上采样图像和高斯滤波器，ΔS 为光谱残差图像。如式(4-4)所示，本方法将光谱色彩保真定义为融合图像的整体结构信息减去多光谱上采样图像得到的残差图像处处趋于 0。

$$\Delta S \overset{\text{def}}{=} F * G - (M \uparrow k) \approx 0 \tag{4-4}$$

(2)空间细节保真定义

从空间细节保真角度来看，融合图像的空间细节来自于全色图像，它应该与全色图像的空间细节信息基本相同。换言之，融合图像的细节图像应该与全色图像的空间细节信息接近，二者的差异越小，空间细节保真的效果越好。如式(4-5)所示，在理想情况下，融合图像的空间细节信息减去全色图像的空间细节信息得到的残差围绕 0 取值平面微幅波动，总体而言残差图像处处趋于 0。因此，本节将空间细节保真定义为融合图像的空间细节信息减去全色图像的空间细节信息得到的残差图像处处趋于 0。

$$\Delta D \overset{\text{def}}{=} [F - (F * G)] - [P - (P * G)] \approx 0 \tag{4-5}$$

其中，F、P 和 G 分别为融合图像、全色图像和高斯滤波器，ΔD 为细节残差图像。

4.1.2　图像融合存在的问题分析

(1)整体结构分量不匹配导致融合图像失真

迄今为止，研究人员已提出许多图像融合方法。本节以分量替换法为典型代表来分析现有融合方法存在的主要问题。分量替换法主要利用 PCA 变换、GS 变换、IHS 变换等矩阵变换将多光谱图像所有波段的主要信息集中至某一分量，然后利用全色图像替换该分量，再进行矩阵逆变换得到融合图像。根据光谱色彩保真的要求，全色和多光谱图像的融合只能将全色图像的空间细节信息引入至多光谱图像之中,但分量替换法在引入全色图像空间细节信息的同时,还引入了全色图像的整体结构信息,因此很容易引起光谱失真。不失一般性,下面以 PCA 变换融合方法为例,揭示分量替换法的光谱失真产生的具体原因。

图 4.2 展示了典型的 PCA 变换融合实验数据。其中,图 4.2(a)～(e)为多光谱上采样图像、全色图像、全色图像的整体结构信息、反映多光谱图像整体结构信息的第一主成分、融合图像。在基于 PCA 变换的融合方法中,第一主成分将被全色图像替换,是引入光谱失真的关键环节。对比全色图像和第一主成分,可以发现融合图像的失真具有如下规律:在任何区域内,若全色图像的整体结构信息与多光谱上采样图像的强度接近,则融合图像的光谱基本不失真,如在 1 号和 2 号区域内,融合图像的光谱色彩保真效果较好;在任何区域内,若全色图像的整体结构信息与多光谱上采样图像的强度相差较大,则融合图像的光谱严重失真,如在 3 号、4 号和 5 号区域内,融合图像的光谱明显失真。

(a)多光谱图像　　　(b)全色图像　　　(c)整体结构信息　　　(d)第一主成分　　　(e)融合图像

图 4.2　光谱失真原因分析实例

上述规律说明:分量替换法的光谱色彩保真取决于被替换分量与全色图像的整体结构信息一致性。若二者的整体结构信息基本一致,则融合图像的光谱色彩保真效果好;若二者的整体结构信息存在较大差异,则在整体结构信息不一致的局部区域,融合图像的光谱色彩会出现明显失真。为了解决该问题,研究人员提出了许多方法,例如,人们通过直方图匹配来消除被替换分量与全色图像的整体结构信息差异。由于被替换分量与全色图像之间并非线性映射关系,所以直方图匹配难以消除二者的差异。如图 4.3 所示,在 3 号、4 号和 5 号区域内,融合图像仍然存在光谱失真。

随后,人们根据 IKONOS 遥感图像的光谱响应关系,建立了基于线性加权的亮度调整模型[1],试图消除被替换分量与全色图像整体结构信息之间的差异,但不同

(a)多光谱图像　　(b)调整的全色图像　　(c)整体结构信息　　(d)第一主成分　　(e)融合图像

图 4.3　直方图匹配无法解决分量替换法的光谱失真问题

卫星图像的光谱响应关系各不相同，且同一卫星图像的光谱响应关系会随相机拍摄参数等变化而变化，因而这类方法难以完全解决光谱失真问题。目前，解决分量替换法产生的光谱失真问题依然是全色和多光谱图像融合研究的热点和难点。因此，本方法构建了新的强度匹配算法，通过整体结构信息的匹配，使全色图像的整体结构信息与被替换分量的残差处处趋于 0，从而消除分量替换法的光谱失真现象。

（2）融合计算复杂，难以满足高时效应用要求

在实际应用中，宽幅遥感图像的矩阵变换计算非常耗时。以 PCA 变换为例，整个融合过程涉及协方差矩阵的计算、矩阵变换、强度匹配和矩阵逆变换，对于大小为 12000×12000 像素全色图像和 3000×3000 像素多光谱图像的融合，在 Intel 3.2GHz 的 4 核 CPU，容量为 2GB 的内存，Windows XP 操作系统的计算平台上，计算耗时超过 120s，远远超过高时效应用的时限要求。因此，本方法从整体上改变分量替换法的融合思路，将全色图像的整体结构信息分别与多光谱上采样图像的每个波段进行强度匹配，得到高保真的融合图像。

4.1.3　基于整体结构信息匹配的高保真融合方法

本节首先介绍整体结构信息匹配的基本方法。在此基础上，提出基于整体结构信息匹配的快速高保真融合方法，实现全色与多光谱图像的快速高保真融合。与此同时，采用整体结构信息匹配方法对全色图像的整体结构信息进行强度匹配，改进传统分替换法，克服其光谱色彩失真问题。

（1）基于数据拟合的整体结构信息匹配方法

将全色图像整体结构信息与多光谱上采样图像进行强度匹配的根本目标在于：在保持全色图像空间细节信息不变的前提下，使全色图像的整体结构信息与多光谱上采样图像的残差处处趋于 0。为了达到该目标，现有方法往往"正向地"将全色

图像的空间细节信息引入多光谱上采样图像，例如，通过小波变换将全色图像的高频信息引入多光谱上采样图像。这些方法消除了全色图像整体结构信息与多光谱上采样图像之间的差异，但破坏了全色图像边缘处的空间细节信息。为了突破该困境，本节通过数据拟合的方法，"逆向地"将全色图像减去其整体结构信息与多光谱上采样图像的残差，实现全色图像整体结构信息与多光谱上采样图像的强度匹配。

本节利用数据拟合来实现全色图像整体结构信息与多光谱上采样图像的强度匹配，具体基本思路如下：首先，将全色图像减去第 k 波段的多光谱上采样图像，得到第 k 波段的差值图像；然后，通过高斯滤波计算差值图像的整体结构信息，得到第 k 波段差值图像的整体结构信息；最后，将全色图像减去第 k 波段差值图像的整体结构信息，得到新的差值图像。该差值图像的整体结构信息与第 k 波段的多光谱上采样图像基本相同，而且它的空间细节信息与全色图像的空间细节信息基本相同，因此它本身就是 k 波段的融合图像。

式(4-6)给出了数据拟合的形式化描述

$$
\begin{aligned}
\boldsymbol{F}(x,y,p) &\stackrel{\text{def}}{=} \boldsymbol{P}(x,y) - (\boldsymbol{P}(x,y) - [\boldsymbol{M}\uparrow k](x,y,p)) * \boldsymbol{G}(x,y) \\
&= \boldsymbol{P}(x,y) - \boldsymbol{P}(x,y) * \boldsymbol{G}(x,y) + [\boldsymbol{M}\uparrow k](x,y,p) * \boldsymbol{G}(x,y)
\end{aligned}
\tag{4-6}
$$

其中，$\boldsymbol{F}$、$\boldsymbol{P}$、$\boldsymbol{M}$ 分别为融合图像、全色图像、多光谱上采样图像，$\boldsymbol{G}$ 为高斯滤波器，p 表示图像的第 p 个波段。式(4-6)展开后得到两个部分：$[\boldsymbol{P}-\boldsymbol{P}*\boldsymbol{G}]$ 表示全色图像的空间细节信息，$[\boldsymbol{M}\uparrow k*\boldsymbol{G}]$ 表示多光谱上采样图像的整体结构信息。本方法通过全色图像空间细节信息和多光谱上采样图像整体结构信息的线性叠加，实现了多光谱图像的全色锐化。与传统方法的不同之处在于，本方法立足于对全色图像的整体结构信息进行强度匹配，间接达到锐化多光谱图像的目标。

下面通过式推导来证明本方法可以满足式(4-4)和式(4-5)所定义的光谱色彩保真和空间细节保真要求。

已知：

① $(\boldsymbol{M}\uparrow k) - (\boldsymbol{M}\uparrow k) * \boldsymbol{G} \approx 0$；

② $(\boldsymbol{I}*\boldsymbol{G}) \approx (\boldsymbol{I}*\boldsymbol{G})*\boldsymbol{G}$，$\boldsymbol{I}$ 为任意图像；

③ $\boldsymbol{F} \stackrel{\text{def}}{=} \boldsymbol{P} - (\boldsymbol{P}-\boldsymbol{M}\uparrow k)*\boldsymbol{G}$。

求证：

①融合图像光谱色彩保真，即 $\Delta\boldsymbol{S} \stackrel{\text{def}}{=} \boldsymbol{F}*\boldsymbol{G}-\boldsymbol{M} \approx 0$；

②融合图像空间细节保真，即 $\Delta\boldsymbol{D} = (\boldsymbol{F}-\boldsymbol{F}*\boldsymbol{G}) - (\boldsymbol{P}-\boldsymbol{P}*\boldsymbol{G}) \approx 0$。

证明：

①融合图像光谱色彩保真的推导。

将式(4-6)代入式(4-4)，可得

$$\Delta S = [P-(P-M \uparrow k)*G]*G-M \uparrow k$$
$$= [P*G*G-P*G]+[(M \uparrow k)*G*G-M \uparrow k]$$
$$- [P*G*G-P*G]+[(M \uparrow k)*G*G-(M \uparrow k)*G]+[(M \uparrow k)*G-M \uparrow k]$$

将 $[(M \uparrow k)*G*G-(M \uparrow k)*G]$ 、 $(M \uparrow k)*G-M \uparrow k$ 代入式 (4-2)，将 $[P*G*G-P*G]$ 代入式 (4-3)，可得 $\Delta S \approx 0$。

②融合图像空间细节保真的推导。

将式 (4-6) 代入式 (4-5)，可得
$$\Delta D = [P-(P-M \uparrow k)*G]-[P-(P-M \uparrow k)*G]*G-(P-P*G)$$
$$= [P*G*G-P*G]+[(M \uparrow k)*G*G-(M \uparrow k)*G]$$

将 $[(M \uparrow k)*G*G-(M \uparrow k)*G]$ 代入式 (4-2)，将 $[P*G*G-P*G]$ 代入式 (4-3)，可得 $\Delta D \approx 0$。

(2) 基于整体结构信息匹配的快速高保真融合方法

本方法采用基于数据拟合的整体结构匹配方法来实现全色与多光谱图像的融合。在图像融合中，采用高斯滤波器 $G=G_0*G_0*G_0$ 来实现全色图像整体结构信息与多光谱上采样图像的强度匹配，见式 (4-7)。此外，当多光谱图像的方差比全色图像的方差大时，在进行强度匹配前，应该使全色图像与多光谱图像的方差保持一致。图 4.4 给出了基于整体结构信息匹配的快速高保真融合方法示意图。

$$G_0 = \begin{bmatrix} 0.0232 & 0.0338 & 0.0383 & 0.0338 & 0.0232 \\ 0.0338 & 0.0492 & 0.0558 & 0.0492 & 0.0338 \\ 0.0338 & 0.0558 & 0.0632 & 0.0558 & 0.0338 \\ 0.0338 & 0.0492 & 0.0558 & 0.0492 & 0.0338 \\ 0.0232 & 0.0338 & 0.0338 & 0.0338 & 0.0232 \end{bmatrix} \qquad (4\text{-}7)$$

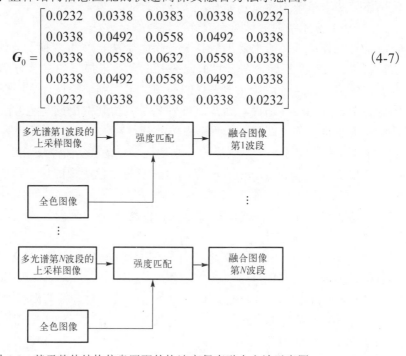

图 4.4　基于整体结构信息匹配的快速高保真融合方法示意图

步骤 1：分别计算全色图像与多光谱图像的方差，记为 σ_P 和 σ_M；

步骤 2：令 $r = (\sigma_M / \sigma_P)^{0.5}$，若 $r > 1$，则将全色图像的像素值增大 r 倍，转向步骤 3；否则直接转向步骤 3；

步骤 3：利用双线性插值法将多光谱图像上采样至全色图像相同的分辨率，得到插值图像序列 $M_1, M_2, \cdots, M_N$，转向步骤 4；

步骤 4：将全色图像 P 分别与多光谱插值图像序列 $M_1, M_2, \cdots, M_N$ 相减，得到差值图像序列 $d_1, d_2, \cdots, d_N$，转向步骤 5；

步骤 5：利用高斯滤波器 G 对差值图像序列 $d_1, d_2, \cdots, d_N$ 进行滤波，得到差值图像序列的整体结构信息 $u_1, u_2, \cdots, u_N$，转向步骤 6；

步骤 6：将全色图像 P 分别与差值图像序列的整体结构信息 $u_1, u_2, \cdots, u_N$ 相减，得到多光谱与全色融合的图像序列 $F_1, F_2, \cdots, F_N$，计算完毕。

就应用效果而言，基于整体结构信息匹配的快速高保真融合方法具有如下优点：光谱色彩保真和空间细节保真效果好，从机理上解决了现有全色和多光谱融合方法的光谱或细节失真问题；各波段的融合计算相互独立，有利于并行计算，仅涉及简单的滤波和矩阵相减操作，计算速度比现有主流融合方法快；不受图像波段数量限制，既适用于多波段图像的融合，也适用于单波段图像的融合，例如，用于全色与高光谱图像、全色与红外图像的融合；针对不同卫星的全色和多光谱图像，可直接使用本方法，基本不需设置参数，实用性好。

(3) 基于整体结构信息匹配的分量替换融合方法

常见的分量替换法主要包括 IHS 变换融合法、PCA 变换融合法和 GS 变换融合法，其中，GS 变换融合法是目前已公开的、效果最好的融合方法。但是，这些融合方法依然存在融合图像光谱失真的问题。考虑到被替换分量仅仅是多光谱上采样图像各个波段的线性加权，因此，可以利用整体结构信息匹配方法对全色图像的整体结构信息进行强度匹配，从而克服传统分替换法的光谱失真问题，如图 4.5 所示。

步骤 1：分别计算全色图像与多光谱图像的方差，记为 σ_P 和 σ_M，转向步骤 2；

步骤 2：令 $r = (\sigma_M / \sigma_P)^{0.5}$，若 $r > 1$，则将全色图像的像素值增大 r 倍，转向步骤 3；否则直接转向步骤 3；

步骤 3：利用双线性插值法将多光谱图像上采样至全色图像相同的分辨率，转向步骤 4；

步骤 4：对多光谱上采样图像进行矩阵变换(如 IHS 变换、PCA 变换和 GS 变换)，得到被替换分量及其他分量，转向步骤 5；

步骤 5：将全色插值图像 P 减去被替换分量，得到差值图像 d，转向步骤 6；

步骤 6：利用高斯滤波器 G 对差值图像序列 d 进行滤波，得到差值图像的整体结构信息 u，转向步骤 7；

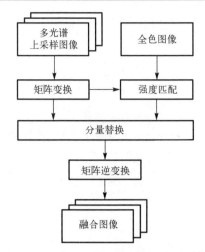

图 4.5　基于整体结构信息匹配的分量替换融合方法示意图

步骤 7：将全色插值图像 $\boldsymbol{P}$ 减去差值图像序列的整体结构信息 $\boldsymbol{d}$，得到强度匹配的全色图像，转向步骤 8；

步骤 8：利用强度匹配的全色图像替换"被替换分量"，再进行矩阵逆变换得到融合图像，计算完毕。

基于整体结构信息匹配的分量替换融合方法具有如下优点：光谱色彩保真和空间细节保真效果好，解决了现有分量替换法的光谱失真问题；针对不同卫星的全色和多光谱图像，可直接使用本方法，基本不需设置参数，实用性好。但是，与基于整体结构信息匹配的快速高保真融合方法相比，改进的分量替换方法计算较复杂，对于宽幅全色和多光谱图像而言，矩阵变换的计算量很大；同时，改进方法受到分量替换法的局制，不能用于单波段图像的融合。

4.1.4　实验结果和分析

（1）实验数据

为了验证融合方法的有效性，本实验选用了 QuickBird、高分二号和高景一号卫星的全色和多光谱图像。如表 4.1 所示，QuickBird、高分二号和高景一号卫星的实验数据各有 5 组，三颗卫星的实验数据共计 15 组。这些实验数据覆盖的地物类型非常丰富，包括城市建筑、工业设施、海洋河流、沙漠、植被、裸地、公路、岛屿等类型。为了便于统计分析，对实验图像进行了裁剪操作，形成了统一大小图像。其中，全色图像为 10000 像素×10000 像素/景，多光谱图像为 2500 像素×2500 像素/景。为了能清晰地展示图像的空间细节，实验分析中仅给出了图像的局部区域。

（2）实验结果及分析

本实验的计算平台为图形工作站，其配置为 Intel Xeon E2650 CPU @ 2.00GHZ、

64 位 Windows10 操作系统。在融合实验中，本方法与 6 种典型的融合方法进行了对比分析：第一类经典的分量替换融合法，具体包括 IHS 融合法[2]和 GS 融合法[3]；第二类为经典的图像分解融合法，具体包括轮廓波融合法[4]、多尺度分解融合法[5]、稀疏分解融合法[6]；第三类为深度学习类融合方法，具体包括生成对抗融合法[7]。图 4.6～图 4.8 分别总结出了不同方法在不同实验数据集上的融合实验结果。

表 4.1　全色和多光谱图像融合实验数据概况

卫星	分辨率/米		组数	图像大小/(像素×像素/景)
	全色	多光谱		
高分二号	1	4	5	10000×10000 2500×2500
QuickBird	0.6	2.4	5	10000×10000 2500×2500
高景一号	0.5	2	5	10000×10000 2500×2500

对比图 4.6 所示的融合图像，可知：各方法生成的融合图像空间细节清晰，但 IHS 融合法、GS 融合法、稀疏分解融合法生成的融合图像存在视觉可察的光谱色彩失真；本方法生成的融合图像无论是空间细节还是光谱色彩的保真度均较好，融合图像的保真性能优于对比方法。对比图 4.7 所示的融合图像，可知：各方法生成的融合图像空间细节清晰，但 IHS 融合法、轮廓波融合法、多尺度分解融合法生成的融合图像存在视觉可察的光谱色彩失真；本方法生成的融合图像无论是空间细节还是光谱色彩的保真度均较好，融合图像的保真度优于对比方法。无论是 QuickBird 卫星融合实验，还是高分二号卫星融合实验，本方法的主观融合效果均优于对比方法。对比图 4.8 所示的融合图像，可知：各方法生成的融合图像空间细节均较清晰，但总体而言，仅有本方法与 GS 融合方法的光谱色彩保真度较好。

(a) 多光谱图像　　　　　　　　　(b) 全色图像　　　　　　　　　(c) IHS 融合法

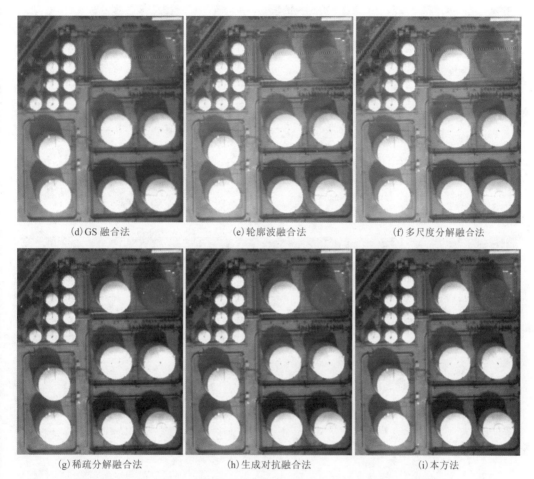

(d)GS 融合法　　　　　　(e)轮廓波融合法　　　　　　(f)多尺度分解融合法

(g)稀疏分解融合法　　　　(h)生成对抗融合法　　　　　　(i)本方法

图 4.6　QuickBird 卫星全色与多光谱图像融合实验结果示例(见彩图)

(a)多光谱图像　　　　　　(b)全色图像　　　　　　　(c) IHS 融合法

(d) GS 融合法　　　　　(e) 轮廓波融合法　　　　　(f) 多尺度分解融合法

(g) 稀疏分解融合法　　　(h) 生成对抗融合法　　　　(i) 本方法

图 4.7　高分二号卫星全色与多光谱图像融合实验结果示例（见彩图）

(a) 多光谱图像　　　　　(b) 全色图像　　　　　　(c) IHS 融合法

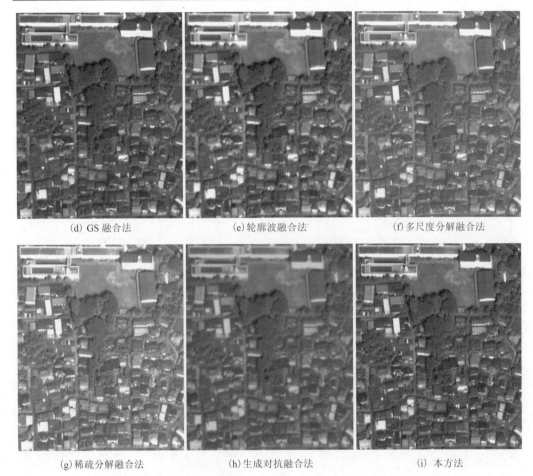

(d) GS 融合法　　　　　　　(e) 轮廓波融合法　　　　　　　(f) 多尺度分解融合法

(g) 稀疏分解融合法　　　　　(h) 生成对抗融合法　　　　　　(i) 本方法

图 4.8　高景一号卫星全色与多光谱图像融合实验结果示例（见彩图）

　　为客观评价各方法的实验效果，本方法采用光谱色彩扭曲度（D_λ）、空间细节扭曲度（D_S）、全局相对误差（ERGAS）和无参考质量（QNR）[8]四个指标来评价融合图像的保真度。其中，光谱色彩扭曲度、空间细节扭曲度、全局相对误差三个指标的取值越小，表明融合图像的保真度越好；无参考质量取值越大，表明融合图像的保真度越好。表 4.2～表 4.4 分别列出了 QuckBird、高分二号和高景一号卫星实验数据的客观评价结果，可知本方法在两类实验数据中均取得了最佳的实验效果。

表 4.2　QuckBird 卫星数据的融合实验客观评价统计表

	ERGAS	D_λ	D_S	QNR
IHS 融合法	4.126	0.196	0.103	0.7211
GS 融合法	3.917	0.127	0.096	0.7891
轮廓波融合法	4.163	0.172	0.087	0.7559

续表

	ERGAS	D_λ	D_S	QNR
多尺度分解融合法	3.828	0.115	0.089	0.8062
稀疏分解融合法	4.267	0.155	0.108	0.7537
生成对抗融合法	3.897	0.108	0.103	0.8001
本方法	3.762	0.086	0.083	0.8381

表 4.3　高分二号卫星数据的融合实验客观评价统计表

	ERGAS	D_λ	D_S	QNR
IHS 融合法	4.361	0.184	0.093	0.7401
GS 融合法	3.814	0.119	0.092	0.7999
轮廓波融合法	4.120	0.164	0.089	0.7615
多尺度分解融合法	3.811	0.152	0.087	0.7742
稀疏分解融合法	4.105	0.137	0.098	0.7784
生成对抗融合法	3.971	0.115	0.101	0.7956
本方法	3.683	0.082	0.081	0.8436

表 4.4　高景一号卫星数据的融合实验客观评价统计表

	ERGAS	D_λ	D_S	QNR
IHS 融合法	4.258	0.177	0.091	0.7481
GS 融合法	3.719	0.108	0.089	0.8126
轮廓波融合法	4.223	0.165	0.087	0.7623
多尺度分解融合法	3.716	0.153	0.081	0.7783
稀疏分解融合法	4.001	0.148	0.09	0.775
生成对抗融合法	3.921	0.118	0.095	0.798
本方法	3.606	0.087	0.075	0.8445

为了验证本方法在计算速度方面的优越性，下面分别统计 ENVI 4.8 软件的 GS 融合法(简称 ENVI 融合法)、PCI Geomatica 2013 软件中 UNB 融合法(PCI 融合法)和本方法的计算耗时。图 4.9 列出了 10 组实验图像的融合计算耗时，其中，ENVI 融合法的平均计算耗时为 160.52 秒/景，PCI 融合法的平均计算耗时为 140.93 秒/景，本方法的平均计算耗时为 25.35 秒/景。由实验结果可知，本方法的计算速度是 ENVI 融合法的 6.32 倍，是 PCI 融合法的 5.56 倍。

本方法既可以独立完成图像融合，同时还可与基于分量替换的融合方法结合起来，解决这类融合方法的光谱失真问题。为了简单直观地了解改进方法与原融合方法的差异，图 4.10 展示了全色和多光谱图像，以及原融合方法和改进方法的融合图像。可明显观察到，未改进法的融合图像均存在着明显的光谱失真，但利用本方法对全色图像和替换分量的亮度进行匹配，有效地避免了融合图像的光谱失真。

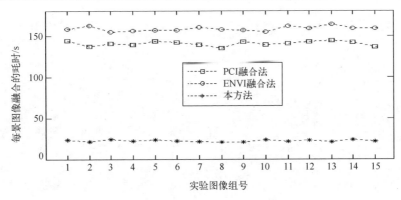

图 4.9　本方法与专业软件融合方法的计算耗时

　　下面利用光谱扭曲度、光谱角、全局相对误差和细节扭曲度来评价原方法和改进方法的融合效果。表 4.5 给出了融合图像的客观评价。分析表 4.5 中的数据可知：改进方法的光谱色彩保真评价结果明显优于未改进方法，而且空间细节保真评价结果也优于未改进方法；所有改进方法的客观评价结果基本相同，说明本方法对基于分量替换法的融合方法普遍有效。总体而言，本方法与改进方法的融合效果基本相同。尽管如此，本方法不受图像波段数量的限制，且计算速度明显优于改进方法，因而在实际中应用本方法而非改进方法。

表 4.5　改进方法与未改进方法的融合效果对比

		ERGAS	D_λ	D_S	QNR
IHS	未改进	4.74	0.161	0.095	0.7592
	改进的	3.91	0.089	0.092	0.8271
PCA	未改进	4.38	0.154	0.097	0.7639
	改进的	3.97	0.087	0.092	0.8290
GS	未改进	4.10	0.157	0.098	0.7603
	改进的	3.85	0.091	0.085	0.8317

(a) 多光谱图像　　　　　(b) IHS 方法　　　　　(c) PCA 方法　　　　　(d) GS 方法

　　(e) 全色图像　　　　　(f) 改进的 IHS 方法　　　(g) 改进的 PCA 方法　　　(h) 改进的 GS 方法

图 4.10　改进方法与原始方法的融合效果对比

4.2　基于像素分类与比值变换的高保真融合方法

　　目前，绝大多数融合方法属于"加性变换"融合模型，即采用全色图像空间细节信息+多光谱图像光谱色彩信息生成融合图像。然而，加性变换模型存在过饱和地物空间细节失真的问题。为此，本节构建了一种基于像素分类与比值变换的高保真融合方法。该方法属于"乘性变换"融合模型，即采用全色图像空间细节信息×多光谱图像光谱色彩信息生成融合图像。其中，如何生成灰度高保真的低分辨率全色图像是乘性变换融合模型的核心问题。

4.2.1　乘性变换融合模型

　　对于乘性变换模型，首先需要对多光谱图像进行加权拟合，生成低分辨率全色图像，并利用双线性插值将低分辨率全色图像上采样至全色图像相同的分辨率，得到 $\overline{P}$；然后，计算全色图像 P 与低分上采样全色图像 $\overline{P}$ 的比值，得到比值图像 R；最后，利用多光谱上采样图像与比值图像相乘，得到融合图像，其计算方法如下

$$F_k(i,j) = \frac{P(i,j)}{\overline{P}(i,j)} \times M_k(i,j) = R(i,j) \times M_k(i,j) \tag{4-8}$$

　　由式 (4-1) 可知，低分辨率全色图像是模型中唯一的未知参数。因此，全色与多光谱图像高保真融合的关键在于合成一个灰度高保真的低分辨率全色图像。为此，本方法利用聚类算法对像素点进行聚类，将光谱响应相近的像素点划分至同一个类别；然后，对于每一类像素点，利用最小二乘法计算权值，并通过加权拟和合成低分辨率全色图像。

4.2.2 低分辨率全色图像合成

由于不同地物反射光谱差异较大，将整幅图像中所有地物视为一个整体，直接合成低分辨率全色图像容易导致部分地物出现灰度失真。由式(4-8)可知，低分辨率全色图像的灰度失真会进一步导致融合图像出现光谱色彩失真。因此，如图 4.11 所示，本方法根据全色图像与多光谱图像的像素值相关性，将所有像素自适应聚类为不同类别；同时，考虑到无约束最小二乘容易导致多光谱图像部分光谱波段的加权值为负值，违反了低分辨率全色图像合成的非负性要求，造成低分辨率全色图像出现灰度失真。针对该问题，本方法对不同类别像素进行非负最小二乘拟合，从而合成高保真的低分辨率全色图像。

(a) 多光谱图像　　　　　　　　(b) 多光谱像素点密度聚类图

图 4.11 多光谱图像密度聚类示例

令 (u,v) 和 (i,j) 为全色图像与多光谱图像中的两个像素点，其值记为 $V_{uv}=[P_{uv},M_{uv}^1,M_{uv}^2,\cdots,M_{uv}^K]$ 和 $V_{ij}=[P_{ij},M_{ij}^1,M_{ij}^2,\cdots,M_{ij}^K]$，其中，$u$ 和 i 为像元的行号，v 和 j 为像素点的列号，K 为多光谱图像的波段数量，P_{ij} 表示全色图像第 i 行第 j 列的像素值，M_{ij}^k 为多光谱图像第 k 波段第 i 行第 j 列的像素值。本方法利用合并波段的线性加权生成低分辨率全色图像，因此，本方法在聚类时利用皮尔逊相关系数(Pearson Correlation Coefficient)来度量像元 (u,v) 和 (i,j) 之间的距离，其计算式如下

$$\delta_{ij}^{xy}=1-[(V_{xy}\cdot V_{ij})/(\|V_{xy}\|\|V_{ij}\|)] \tag{4-9}$$

当 V_{uv} 和 V_{ij} 之间夹角为 0° 时，像元 (u,v) 和 (i,j) 的取值完全线性相关，二者间的距离达到最小值 0；当 V_{uv} 和 V_{ij} 之间夹角为 180° 时，像元 (u,v) 和 (i,j) 的取值线

性负相关，二者的距离达到最大值 2。考虑到文献[9]提出的密度聚类方法可以自适应地确定聚类的类别数量及聚类的中心像元，本方法利用该聚类方法进行自适应分类，将全色图像与多光谱图像划分为像素子类 Ω_1, Ω_2, …, Ω_N（N 为分类总数，由密度聚类自适应地确定）。如图 4.11 所示，多光谱图像被自适应密度聚类为 4 个类别。本方法采用自适应聚类，可有效避免文献[10]所述方法需要人工设置分类数量，导致方法对不同图像适应性差问题。

对每一个像元子类 Ω_h（$h = 1$, 2, …, N），其全色像素点与多光谱像素点的像素值间存在式(4-10)所示的近似线性关系。为确保这个近似线性关系具有合理的物理意义，本方法加入所有权值 $\mu_k \geq 0$ 的物理约束。因此，对于像素子类 Ω_h 中所有像素点，利用于式(4-11)计算低分辨率全色图像的权值 $\hat{\mu}^h$，并利用多光谱图像各波段的加权累加生成低分辨率全色图像。为准确求解权值，本方法采用文献[11]提出的罚函数方法计算式 (4-11) 所对应非负最小二乘解。最后，对于每一个像元子类 Ω_h，利用权值 $\hat{\mu}^h$ 对合并波段线性加权生成对应的低分辨率全色图像，进而得到整幅合成的低分辨率全色图像。

$$P_{ij} \approx \sum_{k=1}^{K} \mu_k^h M_{ij}^k, \quad (i,j) \in \Omega_h \tag{4-10}$$

$$\hat{\mu}^h = \arg \min_{\mu_1^h, \cdots, \mu_K^h} \sum_{(i,j) \in \Omega_h} \left(P_{ij} - \sum_{k=1}^{K} \mu_k^h M_{ij}^k \right)^2 \tag{4-11}$$

4.2.3　实验结果和分析

(1)实验数据

为了验证融合方法的有效性，本实验选用了 QuickBird 和高分二号卫星的全色和多光谱图像。请参考 4.1.4 节。

(2)实验结果及分析

本实验的计算平台为图形工作站，其配置为 Intel Xeon E2650 CPU @ 2.00GHZ、64 位 Windows10 操作系统。在融合实验中，本方法与 6 种典型的融合方法进行了对比分析：第一类为经典的分量替换融合法，具体包括 IHS 融合法[2]和 GS 融合法[3]；第二类为经典的图像分解融合法，具体包括轮廓波融合法[4]、稀疏分解融合法[5]；第三类为深度学习类融合方法，具体包括生成对抗融合法[7]；第四类为乘性变换融合方法，具体包括 UNB 融合法[12]。

图 4.12～图 4.14 分别总结出了不同方法在不同实验数据集上的融合实验结果。对比三组实验结果可知，IHS 融合法生成的融合图像虽然空间细节清晰，但是存在明显的光谱色彩失真；轮廓波融合法、稀疏分解融合法和生成对抗融合法生成的融合图像空间细节和光谱色彩存在一定程度的失真，其主观融合评价稍优于 IHS 融合法；GS 融合法和 UNB 融合法生成的融合图像空间细节清晰，而且光谱色彩保真效

果好，其主观融合评价明显优于 IHS 融合法、轮廓波融合法、稀疏分解融合法和生成对抗融合法；总体而言，本方法在空间细节保真与光谱色彩保真方面取得了出色效果，其主观融合评价优于所有对比方法。

此外，为客观评价各融合方法的实验效果，本方法采用光谱色彩扭曲度（D_λ）、空间细节扭曲度（D_S）、全局相对误差（ERGAS）和无参考质量（QNR）四个指标来评价融合图像的保真度。其中，光谱色彩扭曲度、空间细节扭曲度、全局相对误差三个指标的取值越小，表明融合图像的保真度越好；无参考质量取值越大，表明融合图像的保真度越好。表 4.6～表 4.8 分别列出了高分二号、QuckBird 和高景一号卫星实验数据的客观评价结果。对于无参考质量，GS 融合法的平均得分为 0.807，UNB 融合法的平均得分为 0.831，本方法的平均得分为 0.851，本方法的得分高于所有对比方法；对于全局相对误差，GS 融合法的平均得分为 3.86，UNB 融合法的平均得分为 3.76，本方法的平均得分为 3.65，本方法的得分优于所有对比方法。总体而言，本方法在三个数据集上均取得了最佳的实验效果。

(a) 多光谱图像

(b) 全色图像

(c) IHS 融合法

(d) GS 融合法

(e) UNB 融合法

(f) 轮廓波融合法

　　(g)稀疏分解融合法　　　　　　　(h)生成对抗融合法　　　　　　　　(i)本方法

图 4.12　高分二号卫星全色与多光谱图像融合实验结果示例(见彩图)

　　(a)多光谱图像　　　　　　　　　(b)全色图像　　　　　　　　　(c) IHS 融合法

　　(d) GS 融合法　　　　　　　　　(e) UNB 融合法　　　　　　　　(f)轮廓波融合法

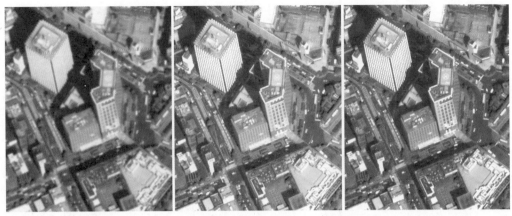

(g) 稀疏分解融合法　　　　　　　(h) 生成对抗融合法　　　　　　　　(i) 本方法

图 4.13　QuickBird 卫星全色与多光谱图像融合实验结果示例（见彩图）

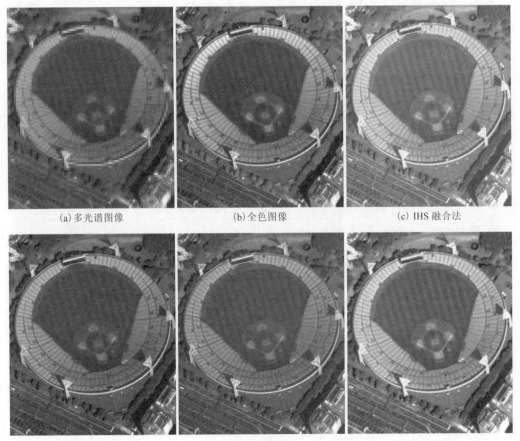

(a) 多光谱图像　　　　　　　　　(b) 全色图像　　　　　　　　　　(c) IHS 融合法

(d) GS 融合法　　　　　　　　　(e) UNB 融合法　　　　　　　　　(f) 轮廓波融合法

(g)稀疏分解融合法   (h)生成对抗融合法   (i)本方法

图 4.14 高景一号卫星全色与多光谱图像融合实验结果示例(见彩图)

表 4.6 高分二号卫星数据的融合实验客观评价统计表

	ERGAS	D_λ	D_S	QNR
IHS 融合法	4.617	0.163	0.094	0.7583
GS 融合法	3.831	0.097	0.087	0.8244
UNB 融合法	3.791	0.091	0.080	0.8362
轮廓波融合法	3.922	0.145	0.098	0.7712
稀疏分解融合法	4.012	0.161	0.094	0.7601
生成对抗融合法	3.986	0.127	0.101	0.7848
本方法	3.612	0.079	0.077	0.8500

表 4.7 QuckBird 卫星数据的融合实验客观评价统计表

	ERGAS	D_λ	D_S	QNR
IHS 融合法	4.678	0.186	0.112	0.7228
GS 融合法	3.925	0.139	0.106	0.7697
UNB 融合法	3.713	0.091	0.089	0.8281
轮廓波融合法	3.879	0.099	0.094	0.8163
稀疏分解融合法	4.012	0.101	0.111	0.7992
生成对抗融合法	4.093	0.107	0.112	0.7929
本方法	3.613	0.081	0.075	0.8501

表 4.8 高景一号卫星数据的融合实验客观评价统计表

	ERGAS	D_λ	D_S	QNR
IHS 融合法	4.711	0.176	0.114	0.7301
GS 融合法	3.837	0.096	0.084	0.8281
UNB 融合法	3.802	0.097	0.081	0.8298

续表

	ERGAS	D_λ	D_S	QNR
轮廓波融合法	3.925	0.099	0.093	0.8172
稀疏分解融合法	4.134	0.113	0.121	0.7796
生成对抗融合法	4.215	0.118	0.107	0.7876
本方法	3.717	0.076	0.077	0.8528

4.3　基于生成对抗网络的高保真融合方法

随着深度学习技术的发展,研究人员构建了多种用于图像融合的深度网络模型。这些网络模型取得了长足的进步,但存在缺乏理想融合训练样本的问题,利用下采样图像训练深度融合模型,难以泛化至全分辨率的全色与多光谱图像。为此,本节提出了基于生成对抗网络的高保真融合方法。

4.3.1　深度网络的基本操作

(1) 卷积运算

卷积层主要用于提取图像局部区域的特征,不同的卷积核本质上是不同特征的提取器。给定一个图像 $I \in \mathbf{R}^{M \times N}$ 和一个滤波器 $W \in \mathbf{R}^{U \times V}$,一般 $M \gg U$, $N \gg V$,其卷积记为 $Y = I \otimes W$,图 4.15 直观地展示了其计算方式,具体如下

$$y_{ij} = \sum_{u=1}^{U} \sum_{v=1}^{V} W_{uv} I_{i-u+1, j-v+1} \tag{4-12}$$

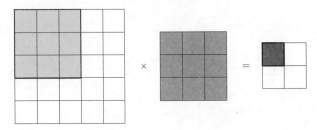

图 4.15　卷积运算示意图

(2) 激活函数

如图 4.16 所示,常用的激活函数主要有以下四种:Sigmoid、Tanh、ReLU 和 Leaky ReLU,其计算方法见式(4-13)~式(4-16)。Sigmoid 可将输入映射至 0~1 的范围内,但输出为非 0 均值,容易出现梯度爆炸和梯度消失的问题,由于存在高阶的运算,所以训练时长和收敛时长会增加。Tanh 函数解决了非 0 均值输出的问题。ReLu 函数解决了梯度消失问题,提高了计算速度与收敛速度,但存在某些参数不会

更新的问题(Dead ReLu Problem)[13]。Leaky ReLu 可以看成基于参数的方法，较好地解决了死亡 ReLu 问题。

$$f(x) = \frac{1}{1+\mathrm{e}^{-x}} \tag{4-13}$$

$$f(x) = \frac{\mathrm{e}^{x} - \mathrm{e}^{-x}}{\mathrm{e}^{x} + \mathrm{e}^{-x}} \tag{4-14}$$

$$f(x) = \max(0, x) \tag{4-15}$$

$$f(x) = \begin{cases} x, & x \geqslant 0 \\ ax, & x < 0 \end{cases} \tag{4-16}$$

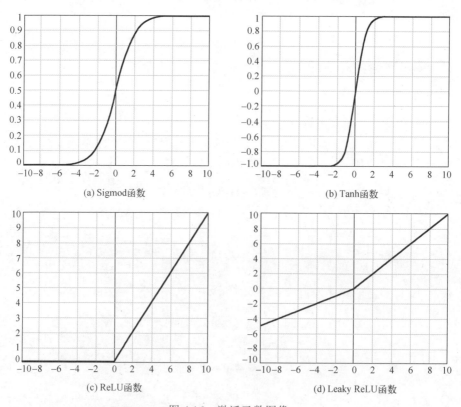

(a) Sigmod函数　　　　　　　　　　(b) Tanh函数

(c) ReLU函数　　　　　　　　　　(d) Leaky ReLU函数

图 4.16　激活函数图像

(3)池化操作

汇聚层(Pooling Layer)也称为子采样层(Subsampling Layer)，其作用是选择有效特征，降低特征数量，从而大幅减少深度网络的参数量以及特征图的数据量。目前，如图 4.17 所示，深度网络主要使用最大池化操作。卷积层虽然可以显著减少网络中连接的数量，但是特征映射组中的神经元个数并没有显著减少。若在其后面连接一个分类器，分类器的输入维数依然很高，很容易产生过拟合现象。为了解决该问题，在卷积层之后加上一个汇聚层，降低特征维数，避免过拟合。

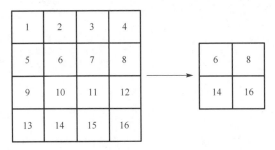

图 4.17　最大池化

4.3.2　典型的深度网络融合模型

（1）FusionCNN 模型

文献[14]提出了一种端到端的卷积神经网络遥感图像融合算法，即 FusionCNN 模型。为了获得更高的融合质量，如图 4.18 所示，该模型在预处理步骤中利用多光谱图像的低频信息对全色图像进行增强，将增强后的图像和多光谱图像输入到 FusionCNN 模型。该方法的主要优点如下：①融合模型的泛化能力强，融合图像的保真度好；②融合计算简单，使用非下采样拉普拉斯金字塔分解注入多光谱图像的低频信息来增强全色图像，然后将增强的全色图像和多光谱图像作为输入。

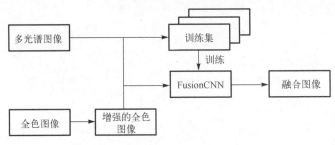

图 4.18　FusionCNN 模型示意图

（2）PNN 融合模型

文献[15]提出了一种简单有效的三层融合模型，采用图像超分辨率的思路[16]进行图像融合处理，称为 PNN 融合模型。如图 4.19 所示，首先对多光谱波段进行四倍上采样操作；然后将其与全色波段叠加，作为融合模型的输入，融合模型的输出为四个波段融合图像。总体而言，PNN 融合模型网络层数较少，其训练过程较简单，但融合图像的空间细节保真度往往不理想。

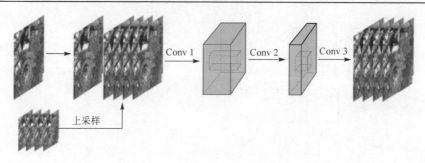

图 4.19　PNN 融合模型示意图

(3) Pan-GAN 融合模型

基于卷积神经网络的图像融合方法取得了长足的进步，但仍然存在两个问题：一方面，生成融合图像需要监督；由于没有理想的监督图像，生成的融合图像空间细节存在明显的失真。为了解决这些问题，文献[17]提出了一种无监督融合模型 Pan-GAN，该模型首先将多光谱图像上采样至全色图像相同分辨率，并将其在通道维度上进行堆叠，其中，全色波段作为第一通道，其余通道为多光谱上采样图像的各个光谱波段；然后，将其输入至生成器中，由生成器合成融合图像。Pan-GAN 提出了双判别器的结构来判断融合图像的质量是否达标。

如图 4.20 所示，Pan-GAN 融合模型包括生成器、光谱色彩保真判别器和空间细节保真判别器。生成器有三个卷积层，卷积核大小分别为 9×9、5×5 和 5×5。步幅设置为 1，每层提取的特征图数量分别设置为 64、32 和 4。此外，受 DenseNet 启发，该网络添加了一些跳跃连接来更新生成器。这些跳跃连接可以将更多细节传递到后面的层，以充分利用有效信息，使训练过程更加高效。

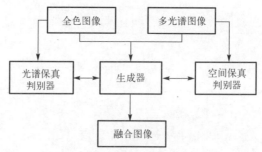

图 4.20　Pan-GAN 融合模型示意图

4.3.3　基于 GAN 的全色与多光谱图像融合模型

生成对抗网络(GAN)[18]提供了一个有效的框架从未标记的数据中学习生成模型。GAN 的核心思想是在生成器和判别器之间构建一个最大最小值的博弈。对于给定的数据集 $\{x\}$，生成器将随机样本 z 从任意分布(高斯分布或均匀分布)映射到样本

x 的数据空间，当生成器产生的数据与真值一样，无法区别时，生成器的训练结束[19]。生成对抗网络的这个训练过程可以表示为

$$\min_{G} \max_{D} V(D,G) = E_{x \sim p_{\text{data}}(x)}[\log D(x)] \\ + E_{z \sim p_z(z)}[\log(1 - D(G(z)))] \tag{4-17}$$

其中，$p_{\text{data}}(x)$ 是真实数据的分布，x 是来自 $p_{\text{data}}(x)$ 的样本；$p_z(z)$ 是一个随机的分布，z 是从中抽取的一个样本。式 (4-17) 表示判别器确定的样本是真实样本与虚假样本的概率。判别器将第一部分最大化为 1，将第二部分最大化为 0，进而为样本分配正确的标签。

生成对抗网络的基本结构如图 4.21 所示。式 (4-17) 可以通过固定一个参数计算另一个参数的方式进行迭代优化：当生成器固定时，判别器的优化可视为最大化条件概率 $p(Y = y | x)$ 的对数似然，其中，Y 是样本 x 来自真实数据（$y=1$）的概率或假数据（$y=0$）的概率；当判别器固定时，生成器的目标可视为最小化 p_{data} 和 p_G 之间的 JS 散度（p_G 表示生成器学习的分布）。生成器有一个最优解，$p_G = p_{\text{data}}$。

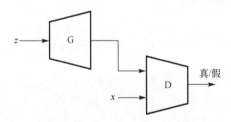

图 4.21　生成对抗网络架构

通常，大多数深度网络融合模型将多光谱图像作为监督图像，将全色与多光谱图像的下采样图像作为训练样本。采用该学习方式得到的模型，可以较好地适应下采样图像的融合，但是不适合原始全分辨率图像的融合。为了解决这个问题，如图 4.22 所示，本方法提出一种基于 GAN 的全色与多光谱图像融合方法。该方法直接对全分辨率的图像进行训练：利用全分辨率的全色图像，构建空间细节保真度约束，以便判别器检验融合图像中引入的空间细节信息是否达标；利用全分辨率的多光谱图像，构建光谱色彩保真度约束，以便判别器检验融合图像中引入的光谱色彩信息是否达标。

基于 GAN 的全色与多光谱图像融合步骤如下：

步骤 1：将多光谱图像上采样至与全色图像相同的分辨率，利用全色图像分别与多光谱上采样图像作差得到差值图像；

步骤 2：对差值图像进行高斯滤波，并输入到生成器 G；然后，利用全色图像减去生成器输出的图像，得到融合图像；

步骤 3：利用空间细节保真判别器检验融合图像中引入的空间细节信息是否与

全色图像一致，若一致则通过判别；利用光谱色彩保真判别器检验融合图像中引入的光谱色彩信息是否与多光谱图像一致，若一致则通过判别。

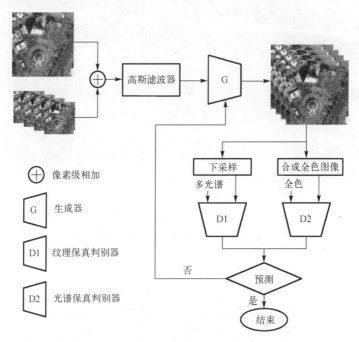

图 4.22　基于 GAN 网络的融合模型示意图

(1) 生成器与判别器

如图 4.23 所示，生成器由 7 次卷积、6 次 Leaky ReLU 激活函数、1 次 Tanh 激活函数构成。将多光谱图像上采样至与全色图像相同的分辨率，利用全色图像分别与多光谱上采样图像相减得到差值图像，对差值图像进行高斯滤波，再将其输入至生成器；生成器输出的是一个精化的差值图像，将全色图像减去该差值图像则得到融合图像。需要特别指出的是，与现有生成对抗融合模型不同，本方法的生成器不直接学习"融合图像"，而是学习一个以"低频成分"为主的差值图像。由于低频信息远比高频信息更易于学习，所以本方法学习过程收敛性好，训练好的模型具有极强的泛化能力。

如图 4.24(a) 所示，空间细节保真判别器的网络结构由 5 次卷积、5 次 Leaky ReLU 激活函数构成，其输入为全色图像与融合图像；空间细节保真判别网络提取全色图像与融合图像的空间细节特征，判别二者的空间细节信息是否一致。如图 4.24(b) 所示，光谱色彩保真判别器的网络结构由 5 次卷积、5 次 Leaky ReLU 激活函数构成，输入为多光谱图像和下采样的融合图像；光谱色彩保真判别网络提取多光谱图像和下采样的融合图像的光谱色彩特征，判别二者的光谱色彩信息是否一致。

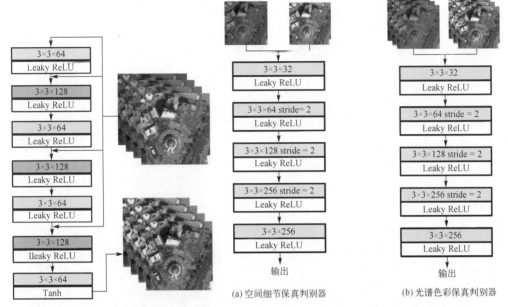

图 4.23   生成器的网络结构示意图   图 4.24   判别器的网络结构示意图

(2) 损失函数

GAN 网络的损失函数一般表示如下

$$L(G,D) = E_{x,y}[\log D(x,y)] + E_{x,z}[\log(1 - D(x,G(x,z)))] \tag{4-18}$$

其中，x 表示源域图像，y 表示真实图片，z 为输入生成器的噪声，$G(x,z)$ 表示生成器根据源域图像和随机噪声生成的目标域图片，$D(x,y)$ 表示判别器判断真实图片是否真实的概率，$D(x,G(x,z))$ 为判别器认为生成器输出的图片是真实的概率。

对于生成器的损失 L_G，针对输出融合图像存在色偏且纹理细节不清晰的问题，本方法使用多种损失函数加权的方式判别融合图像的质量是否达标。

$$L_G = L_{\text{spectral}} + L_{\text{spatial}} + L_p \tag{4-19}$$

其中，L_{spectral} 为光谱色彩保真损失，L_{spatial} 为空间损失，L_p 为感知损失。

如式 (4-20) 所示，光谱色彩保真损失由基本损失 L_{base1} 和对抗损失 L_{adv1} 构成。

$$\begin{cases} L_{\text{base1}} = \dfrac{1}{N}\sum_{k=1}^{N}\left\| F^k \downarrow - M^k \right\|_{L_1} \\[2mm] L_{\text{adv1}} = \dfrac{1}{N}\sum_{k=1}^{N}(D_1(F^k \downarrow) - a)^2 \\[2mm] L_{\text{spectral}} = \alpha_1 L_{\text{base1}} + \beta_1 L_{\text{adv1}} \end{cases} \tag{4-20}$$

其中，α_1 和 β_1 是正则化参数；N 为波段数，k 代表第 k 个波段，$k=1,2,\cdots,N$，L_1

范式即求向量绝对值之和；D_1 为光谱色彩判别器，$D_1(F^k\downarrow)$ 表示下采样的融合图像输入到 D_1 得到的输出，a 表示光谱色彩判别器相信虚假数据的概率(取 $a=1$)，衡量了生成的融合图像和原多光谱图像间的光谱色彩信息的一致性。

如式(4-21)所示，空间细节保真损失由基本损失 L_{base2} 和对抗损失 L_{adv2} 构成

$$\begin{cases} L_{\text{base2}} = \dfrac{1}{N}\sum_{k=1}^{N}\left\|\text{avg}(F^k)-P\right\|_{L_1} \\ L_{\text{adv2}} = \dfrac{1}{N}\sum_{k=1}^{N}(D_2(\text{avg}(F^k))-b) \\ L_{\text{spatial}} = \alpha_2 L_{\text{base2}} + \beta_2 L_{\text{adv2}} \end{cases} \tag{4-21}$$

其中，α_2 和 β_2 是正则化参数；$\text{avg}(\cdot)$ 表示沿通道维度的平均池化函数；D_2 为空间细节判别器，$D_2(\text{avg}(F^k))$ 表示将融合图像平均池化后输入到 D_2 得到的结果，b 表示空间细节判别器认为是虚假数据的概率(取 $b=1$)，衡量了生成图像和全色图像间的空间信息的一致性。

如式(4-22)所示，L_p 为感知损失，多用于图像风格转换。图像融合可以看作对输入图像的锐化处理，因而也可视为一种风格转换，故引入感知损失，对风格转换进行约束

$$L_p = \left\|\text{Gram}(y)-\text{Gram}(\hat{y})\right\|_{L_2} \tag{4-22}$$

其中，Gram 矩阵是通过通道间的特征图内积运算生成，在计算每一层的 Gram 矩阵后，计算对应层之间的 L_2 范式。

如式(4-23)所示，对于判别器损失 L_D，主要针对光谱色彩保真与空间细节保真

$$\begin{cases} L_{D_1} = \dfrac{1}{N}\sum_{k=1}^{N}(D_1(M^k)-c)^2 + \dfrac{1}{N}\sum_{k=1}^{N}(D_1(F\downarrow^k)-d)^2 \\ L_{D_2} = (D_2(P)-e)^2 + \dfrac{1}{N}\sum_{k=1}^{N}(D_2(\text{avg}(F^k))-f)^2 \\ L_D = L_{D_1} + L_{D_2} \end{cases} \tag{4-23}$$

其中，L_{D_1} 为光谱色彩保真判别损失，L_{D_2} 为空间细节保真的判别损失，c 和 d 为原多光谱图像和下采样的融合图像的标签，e 和 f 为原全色图像和均值池化的融合图像的标签。在本方法中，$c=1$，$d=0$，$e=1$，$f=0$。

4.3.4　实验结果和分析

(1)实验数据

实验数据为 QuickBird、高分一号、高分二号和高景一号卫星的全色和多光谱图像。其中，QuickBird、高分一号和高分二号卫星的训练数据各有 10 组，三颗卫星的训练数据共计 30 组；QuickBird、高分二号和高景一号卫星的测试数据各有 5 组，

三颗卫星的测试数据共计 15 组，如表 4.9 所示。在训练中，30 组实验数据作为一个整体进行融合模型的参数学习。这些实验数据覆盖的地物类型非常丰富，包括城市建筑、工业设施、海洋河流、沙漠、植被、裸地、公路、岛屿等类型。为了便于统计分析，对实验图像进行了裁剪操作，形成了统一大小图像。其中，全色图像为10000 像素×10000 像素/景，多光谱图像为 2500 像素×2500 像素/景。为了能清晰地展示图像的空间细节，实验分析中仅给出了图像的局部区域。

表 4.9　全色和多光谱图像融合实验数据概况

卫星	用途	分辨率/米		组数	图像大小/(像素×像素/景)
		全色	多光谱		
高分二号	训练	1	4	10	10000×10000 2500×2500
	测试			5	10000×10000 2500×2500
QuickBird	训练	0.6	2.4	10	10000×10000 2500×2500
	测试			5	10000×10000 2500×2500
高分一号	训练	2	8	10	10000×10000 2500×2500
高景一号	测试	0.5	2	5	10000×10000 2500×2500

(2)实验结果及分析

本实验在配置 Intel Core i7 9700k CPU、Ubuntu 18.04 操作系统、64G 内存，GeForce RTX 2080Ti GPU 的服务器上完成。在融合实验中，本方法与 6 种融合方法进行了对比分析：第一类为经典的分量替换融合法，具体包括 IHS 融合法[2]，主要用于对比传统融合方法与深度学习融合方法；第二类为深度学习融合方法，具体包括 CNN 融合法[20]、染色融合法[21]、多尺度多深度融合法[22]、显著性级联融合法[23]、深度残差网络融合法[24]。需要指出的是，本实验并未使用高景一号卫星的全色与多光谱图像作为训练数据，但是，训练好的模型既用于 QuickBird、高分二号卫星图像融合，也用于高景一号卫星图像融合，测试模型对未见数据的泛化能力。

图 4.25～图 4.27 分别总结出了不同方法在不同实验数据集上的融合实验结果。对比三组实验结果可知，IHS 融合法生成的融合图像虽然空间细节清晰，但是存在明显的光谱色彩失真；相比而言，深度学习融合方法生成的融合图像的空间细节信息均不及 IHS 融合法"自然逼真"。当各融合模型泛化至高景一号实验图像时，融合效果未有本质变化。此外，对比所有融合图像，可以发现：深度残差网络融合法的效果优于 CNN 融合法、染色融合法、多尺度多深度融合法、显著性级联融合法；本方法的融合效果优于深度残差网络融合法。

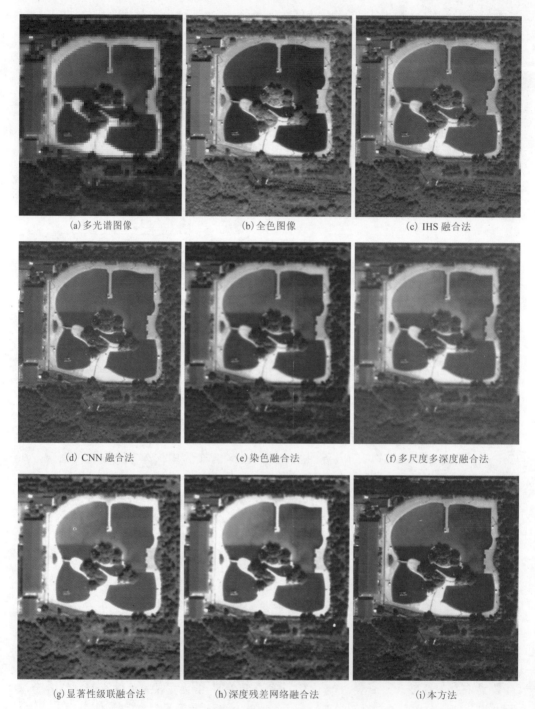

(a) 多光谱图像　　　　　　　　(b) 全色图像　　　　　　　　(c) IHS 融合法

(d) CNN 融合法　　　　　　　　(e) 染色融合法　　　　　　　(f) 多尺度多深度融合法

(g) 显著性级联融合法　　　　(h) 深度残差网络融合法　　　　(i) 本方法

图 4.25　高分二号卫星全色与多光谱图像融合实验结果示例(见彩图)

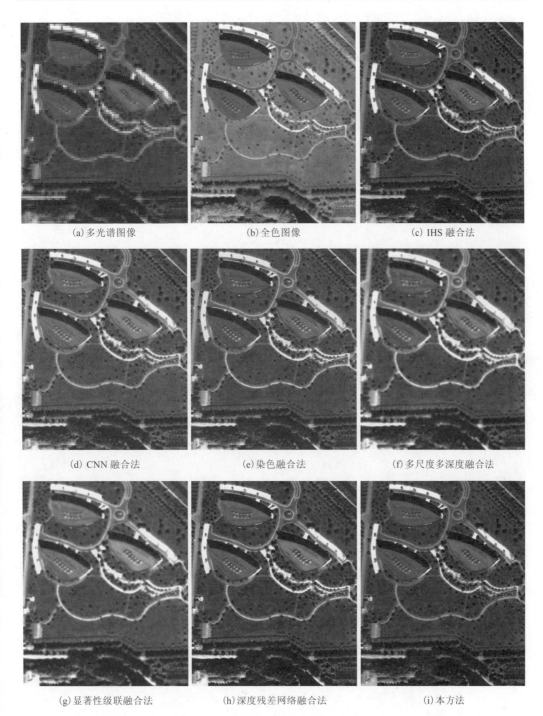

(a) 多光谱图像　　　　　　　(b) 全色图像　　　　　　　(c) IHS 融合法

(d) CNN 融合法　　　　　　　(e) 染色融合法　　　　　　(f) 多尺度多深度融合法

(g) 显著性级联融合法　　　　(h) 深度残差网络融合法　　　(i) 本方法

图 4.26　QuickBird 卫星全色与多光谱图像融合实验结果示例(见彩图)

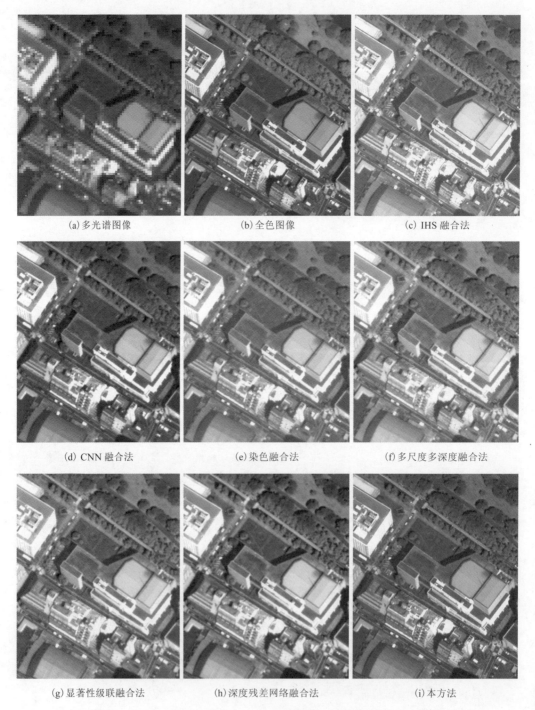

(a) 多光谱图像　　　　　　　　(b) 全色图像　　　　　　　　(c) IHS 融合法

(d) CNN 融合法　　　　　　　(e) 染色融合法　　　　　　(f) 多尺度多深度融合法

(g) 显著性级联融合法　　　　(h) 深度残差网络融合法　　　　　(i) 本方法

图 4.27　高景一号卫星全色与多光谱图像融合实验结果示例(见彩图)

　　为客观评价各融合方法的实验效果，本方法采用光谱色彩扭曲度（D_λ）、空间细节扭曲度（D_S）、全局相对误差（ERGAS）和无参考质量（QNR）四个指标来评价融合图像的保真度。表 4.10～表 4.12 分别列出了高分二号、QuckBird 和高景一号卫星实验数据的客观评价结果。对比三组客观评价数据可知，高景一号卫星融合质量评价稍劣于其他两颗卫星，但是这种差异并不显著。

　　对于无参考质量，显著性级联融合法的平均得分为 0.8317，深度残差网络融合法的平均得分为 0.8320，本方法的平均得分为 0.8485，本方法的得分优于所有对比方法；对于全局相对误差，显著性级联融合法的平均得分为 3.88，深度残差网络融合法的平均得分为 3.82，本方法的平均得分为 3.67，本方法的得分优于所有对比方法。总体而言，本方法在三个数据集上均取得了最佳的实验效果。

表 4.10　高分二号卫星数据的融合实验客观评价统计表

	ERGAS	D_λ	D_S	QNR
IHS 融合法	4.436	0.147	0.096	0.7711
CNN 融合法	4.127	0.096	0.105	0.8090
染色融合法	4.011	0.101	0.097	0.8118
多尺度多深度融合法	3.934	0.092	0.092	0.8245
显著性级联融合法	3.879	0.087	0.088	0.8327
深度残差网络融合法	3.783	0.083	0.092	0.8326
本方法	3.636	0.074	0.076	0.8556

表 4.11　QuckBird 卫星数据的融合实验客观评价统计表

	ERGAS	D_λ	D_S	QNR
IHS 融合法	4.541	0.138	0.093	0.7818
CNN 融合法	4.001	0.092	0.101	0.8163
染色融合法	3.927	0.091	0.099	0.8190
多尺度多深度融合法	3.869	0.087	0.098	0.8235
显著性级联融合法	3.813	0.083	0.089	0.8353
深度残差网络融合法	3.792	0.081	0.091	0.8354
本方法	3.608	0.072	0.080	0.8537

表 4.12　高景一号卫星数据的融合实验客观评价统计表

	ERGAS	D_λ	D_S	QNR
IHS 融合法	4.561	0.14	0.099	0.7748
CNN 融合法	4.193	0.096	0.108	0.8064
染色融合法	4.011	0.097	0.096	0.8163
多尺度多深度融合法	3.913	0.093	0.093	0.8226
显著性级联融合法	3.947	0.089	0.092	0.8272
深度残差网络融合法	3.895	0.091	0.089	0.8281
本方法	3.772	0.084	0.087	0.8363

4.4　本　章　小　结

  本章从加性变换融合模型的角度介绍了基于整体结构信息匹配的高保真融合方法,从乘性变换融合模型的角度介绍了基于像素分类与比值变换的高保真融合方法;在此基础上,结合深度学习技术,介绍了基于生成对抗网络的高保真融合方法。同时,利用 QuickBird、高分二号和高景一号卫星的全色与多光谱图像进行了实验分析,实验结果表明这三种方法均能高保真地实现全色与多光谱图像的融合。

参 考 文 献

[1] Tu T M, Huang P S, Hung C L, et al. A fast intensity-hue-saturation fusion technique with spectral adjustment for IKONOS imagery. IEEE Geoscience and Remote Sensing Letters, 2004, 1(4): 309-312.

[2] Choi M. A new intensity-hue-saturation fusion approach to image fusion with a tradeoff parameter. IEEE Transactions Geoscience and Remote Sensing, 2006, 44(6): 1672-1682.

[3] Aiazzi B, Baronti S, Selva M. Improving component substitution pansharpening through multivariate regression of MS + Pan data. IEEE Transactions Geoscience and Remote Sensing, 2007, 45(10): 3230-3239.

[4] Yang S, Wang M, Jiao L, et al. Image fusion based on a new contourlet packet. Information Fusion, 2010, 11(2): 78-84.

[5] Mahyari A G, Yazdi M. Panchromatic and multispectral image fusion based on maximization of both spectral and spatial similarities. IEEE Transactions on Geoscience and Remote Sensing, 2011, 49(6): 1976-1985.

[6] Zhu X X, Bamler R. A sparse image fusion algorithm with application to pan-sharpening. IEEE Transactions Geoscience and Remote Sensing, 2013, 51(5): 2827-2836.

[7] Liu Q, Zhou H, Xu Q, et al. PSGAN: a generative adversarial network for remote sensing image pan-sharpening. IEEE Transactions Geoscience and Remote Sensing, 2021, 59(12): 10227-10242.

[8] Alparone L, Aiazzi B, Baronti S, et al. Multispectral and panchromatic data fusion assessment without reference. Photogrammetric Engineering and Remote Sensing, 2008, 74(2): 193-200.

[9] Alex R, Alessandro L. Clustering by fast search and find of density peaks. Science, 2014, 344: 1492-1496.

[10] Xu Q, Qiu W, Li B, et al. Hyperspectral and panchromatic image fusion through an improved ratio enhancement. Journal of Applied Remote Sensing, 2017, 11(1): 1-14.

[11] 周茜, 雷渊, 乔文龙. 一类线性约束矩阵不等式及其最小二乘问题. 计算数学, 2016, 38(2):

171-186.

[12] Zhang Y，Mishra R. From UNB PanSharp to fuze Go C the success behind the pan-sharpening algorithm. International Journal of Image and Data Fusion, 2014, 5(1): 39-53.

[13] Lu L, Shin Y, Su Y, et al. Dying ReLU and initialization: theory and numerical examples. Communications in Computational Physics, 2019, 28(5): 1671-1706.

[14] Ye F, Li X, Zhang X. FusionCNN: a remote sensing image fusion algorithm based on deep convolutional neural networks. Multimedia Tools and Applications, 2018, 78(11): 14683-14703.

[15] Ma J, Yu W, Chen C, et al. Pan-GAN: an unsupervised pan-sharpening method for remote sensing image fusion. Information Fusion, 2020, 62: 110-120.

[16] Dong C, Loy C C, He K, et al. Image super-resolution using deep convolutional networks. IEEE Transactions on Pattern Analysis and Machine Intelligence, 2015, 38(2): 295-307.

[17] Scarpa G, Vitale S, Cozzolino D. Target-adaptive CNN-based pansharpening. IEEE Transactions Geoscience and Remote Sensing, 2018, 56 (9): 5443-5457.

[18] Goodfellow I, Pouget-Abadie J, Mirza M, et al. Generative adversarial networks. Communications of the ACM, 2020, 63(11): 139-144.

[19] Xu Q, Li Y, Nie J, Liu Q, et al. UPanGAN: unsupervised pansharpening based on the spectral and spatial loss constrained generative adversarial network. Information Fusion, 2022, 91: 31-46.

[20] Giuseppe M, Davide C, Luisa V, et al. Pansharpening by convolutional neural networks. Remote Sensing, 2016, 8(594): 1-22.

[21] Ozcelik F, Alganci U, Sertel E, et al. Rethinking CNN-based pansharpening: guided colorization of panchromatic images via GANs. IEEE Transactions Geoscience and Remote Sensing, 2021, 59 (4): 3486-3501.

[22] Yuan Q, Wei Y, Meng X, et al. A multiscale and multidepth convolutional neural network for remote sensing imagery pan-sharpening. IEEE Journal of Selected Topics in Applied Earth Observations and Remote Sensing, 2018, 11(3): 978-989.

[23] Zhang L, Zhang J, Ma J, et al. SC-PNN: saliency cascade convolutional neural network for pansharpening. IEEE Transactions Geoscience and Remote Sensing, 2021, 59(11): 9697-9715.

[24] Benzenati T, Kallel A, Kessentini Y. Two stages pan-sharpening details injection approach based on very deep residual networks. IEEE Transactions Geoscience and Remote Sensing, 2020, 59(6): 4984-4992.

第 5 章　全色与高光谱图像高保真融合方法

高光谱图像含有丰富的地物光谱信息，可以被应用于遥感图像解译、目标探测、地物分类、灾情分析等多个领域。由于光谱分辨率与空间分辨率的互斥制约，以及信息传输的带宽限制，卫星平台往往同时相地采集高光谱图像与全色图像。此时，全色图像具有很高的空间分辨率，而高光谱图像具有很高的光谱分辨率；在实际应用中，二者需要合成为一幅高空间分辨率、高光谱分辨率的融合图像。据此，本章介绍基于残差网络的全色与高光谱图像融合方法和基于生成对抗网络的全色与高光谱图像融合方法。

5.1　基于残差网络的图像融合方法

目前，图像融合技术已经取得了长足的发展。传统图像融合方法主要通过某种数学变换，如乘性变换模型和加性变换模型，实现全色与高光谱图像融合[1]。加性变换模型主要有分量替换法、图像分解法、变分法等，而乘性变换模型主要比值变换和 Brovey 变换等。随着深度学习技术的进步，基于深度学习的融合模型被越来越广泛地应用于全色与高光谱图像融合[2, 3]。但是，如图 5.1 所示，现有深度学习融合模型主要利用高光谱图像作为监督图像，利用下采样的全色图像和高光谱图像作为训练样本[4]。由于全色图像与高光谱图像具有较大的空间分辨率差异，甚至相差 10 倍以上，降分辨率图像上训练的模型难以泛化至全分辨率图像。

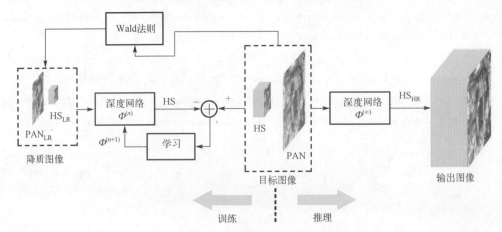

图 5.1　基于卷积神经网络的融合方法

为了解决上述问题，如图 5.2 所示，本节提出了基于残差网络的全色与高光谱图像融合方法。该方法主要包括基于比值变换的图像预处理、残差注意力网络和损失函数三部分。比值变换模块主要用于生成初始比值图像；残差注意力网络主要用于对比值图像进行微调，生成新的比值图像；光谱色彩和空间细节保真函数主要用于度量模型训练过程的空间细节损失和光谱色彩损失。

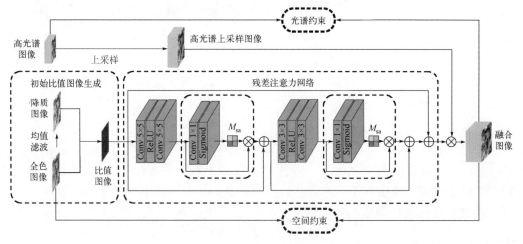

图 5.2　本方法的流程图

5.1.1　比值变换法

同时相采集的全色与高光谱图像具有很强的相关性，这种强相关性就是比值变换融合方法的基本依据[5]。比值变换法认为，高分辨率的全色图像与全色下采样图像的比值等于融合图像与高光谱上采样图像的比值。比值变换计算方法如下

$$\frac{P(i,j)}{D(i,j)}=\frac{F_k(i,j)}{H_k(i,j)}, \quad k=1,2,\cdots,N \tag{5-1}$$

其中，(i,j) 是对应图像中像素点的坐标，P 表示全色图像，D 表示全色下采样图像，F 表示融合图像，H 表示高光谱上采样图像，k 表示高光谱图像的光谱波段序号，N 表示高光谱图像的波段数量。比值变换的物理意义是，全色图像与全色下采样图像相除时，全色图像中的轮廓结构信息被抵消，从而保留高频的信息，这些高频信息表征了地物的空间细节。高光谱图像提供了丰富的光谱信息，将比值图像与低分辨率的高光谱图像相乘，即可将地物空间细节注入高光谱图像中，从而得到高分辨的融合图像。比值变换方法的融合过程可以表示为

$$F_k(i,j)=\frac{P(i,j)}{D(i,j)}\times H_k(i,j), \quad k=1,2,\cdots,N \tag{5-2}$$

在比值变换融合方法中，全色下采样图像是唯一的未知量。因此，比值变换融合方法的关键是如何获得"高保真"的全色下采样图像。一般认为，"高保真"的全色下采样图像应该具备以下两点：在对应像素点处与全色图像的区域均值差必须足够小；全色下采样图像相对于全色图像的空间细节损失程度应和高光谱上采样图像相对于融合图像的空间细节损失程度相当。

在本方法中，首先采用均值滤波的方法，构建一个低分辨率全色图像作为初始的下采样图像如下

$$L(i,j) = P(i,j) * M(i,j) \tag{5-3}$$

其中，M 表示均值滤波器，L 表示初始的全色下采样图像。将全色图像与初始的全色下采样图像相除，得到初始的比值图像如下

$$R_e(i,j) = \frac{P(i,j)}{L(i,j)} \tag{5-4}$$

随后，初始比值图像 R_e 被送入深度残差注意力网络中进行微调，从而获得多波段的比值图像 R。通过残差注意力网络微调得到的比值图像 R 具有和高光谱图像相同的维度。该过程可以表示为

$$R(i,j) = f\left(R_e(i,j); \theta\right) \tag{5-5}$$

其中，$f(\cdot)$ 表示残差注意力网络；θ 是残差注意力网络的可学习参数。如式 (5-6) 所示，通过网络学习得到新的比值图像之后，将新的比值图像 R 注入高光谱上采样图像中，从而得到高空间分辨率的融合图像。

$$F_k(i,j) = R_k(i,j) \times H_k(i,j), \quad k = 1,2,\cdots,N \tag{5-6}$$

5.1.2 残差注意力网络

利用均值滤波生成的初始全色下采样图像并不能完全满足图像高保真融合的需求。因此，本节以残差网络为基本架构[6]，设计了基于残差注意力网络的比值微调模型。该网络构建了两个级联的残差空间注意力模块。残差空间注意力模块由卷积操作、空间注意力运算和跳跃连接构成。残差空间注意力模块如图 5.3 所示，假设残差空间注意力模块的输入是 F_{n-1}，输出是 F_n。F_{n-1} 首先经过两个 $S \times S$ 的卷层，输出特征 $U \in \mathbf{R}^{H \times W \times C}$，其中，$S \times S$ 代表卷积核大小。令 $U = [u^{1,1}, u^{1,2}, \cdots, u^{p,q}, \cdots, u^{H,W}]$，其中，$u^{p,q} \in \mathbf{R}^C$ 代表空间位置为 (p,q) 处的特征向量。

在两个卷积核的特征提取后，是一个空间注意力运算。其中，M_{sa} 代表空间注意力掩膜，能够自适应地对提取出来的特征矩阵进行运算赋权值。为了生成空间注意力掩膜，一个权重为 W_{sa} 的 1×1 卷积层对 U 进行操作。之后再经过一个 Sigmoid 激活函数 $\sigma(\cdot)$ 注意力映射重新缩放到 [0, 1]，该过程可以表述为

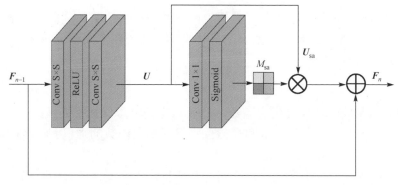

图 5.3　残差空间注意力模块

$$M_{sa} = \sigma(w_{sa} * U) \tag{5-7}$$

其中，$*$ 表示卷积操作。使用生成的 M_{sa}，可以在空间上重新校准特征集 U，即

$$U_{sa} = f_{sa}(U, M_{sa}) \tag{5-8}$$

其中，$f_{sa}(\cdot)$ 表示在 U 的空间位置及其对应的空间注意力权重的元素乘法运算，U_{sa} 是空间注意力机制的输出。

此外，每个残差空间注意力模块都采用了跳跃连接，这使得网络可以有效地结合初始特征和高级特征。因此，第 n 个残差空间注意力模块的输出 F_n，由式(5-9)获得

$$F_n = F_{n-1} + U_{sa} \tag{5-9}$$

在残差空间注意力网络中，两个级联的残差空间注意力模块中的卷积核大小分别为 5×5 和 3×3。相应地提取到的特征图的通道数量分别为 512 和 256。

最后，对级联的残差空间注意力网络的输入和输出进行跳跃连接，得到输出特征图 F，其计算式如下

$$F = F_0 + F_n \tag{5-10}$$

其中，F_0 表示第一个残差注意力网络的输入。

由全色图像的构成可知，高频细节一般为图像中的边缘信息，例如，地物的边缘、纹理等特征信息。而低频细节一般为图像中相对平滑的部分。正是由于高频部分包含了丰富的纹理和细节信息，所以在全色锐化过程中，它比低频信息更难保真。本节采用的带有注意力机制的残差网络正是为了解决这一问题，它能有效利用全色图像中的高频信息，提高网络泛化能力。

5.1.3　损失函数

在网络设计中，一个关键的步骤是设计合理的损失函数。在本节中，设计了空

间细节保真损失函数和光谱色彩保真损失函数两种损失函数，分别进行空间细节和光谱色彩保真，最大程度地减少融合图像与原始图像的在空间细节和光谱上的差异。总体的损失函数如下

$$L = L_p + \alpha L_h \tag{5-11}$$

其中，L_p 表示空间细节保真损失函数，L_h 表示光谱色彩保真损失函数。总体的损失函数是由空间细节保真损失函数和光谱色彩保真损失函数的加权和构成，α 是可学习参数。

融合目标是将全色图像包含的空间细节信息注入高光谱图像中。由于实际应用没有高分辨率的高光谱图像作为真值来监督融合模型的训练。所以，本方法采用全色图像的空间信息来约束融合图像空间细节的生成。空间细节保真损失函数可以由式(5-12)计算得到

$$L_p = \frac{1}{N}\sum_{i=1}^{N}\left\|h(\boldsymbol{I}_f^i) - h(I_p)\right\|_F^2 + \frac{1}{N}\sum_{i=1}^{N}\left\|\nabla(\boldsymbol{I}_f^i) - \nabla(I_p)\right\|_F^2 \tag{5-12}$$

其中，N 表示训练集的样本数量，$\boldsymbol{I}_f^i$ 表示融合后高分辨率高光谱图像的第 i 波段的结果。I_p 表示全色图像，$\|\cdot\|_F$ 表示矩阵的 Frobenius 范数运算，$h(\cdot)$ 表示高通滤波，用来提取图像的高频信息。$\nabla(\cdot)$ 是求梯度的运算，用来提取图像的梯度信息。等号右边第一项运算将融合图像与全色图像的高频信息做差，并累加求范数的和，其目的是控制图像间高频细节的差距最小。等号右边第二项是累加融合图像和全色图像梯度差的范数和，控制融合图像和全色图像的梯度差最小。

融合图像的光谱信息是由高光谱图像提供的。因此，光谱色彩保真损失函数可以由式(5-13)计算得到

$$L_h = \frac{1}{N}\sum_{i=1}^{N}\left\|\downarrow g(\boldsymbol{I}_f^i) - \boldsymbol{I}_{hs}^i\right\|_F^2 \tag{5-13}$$

其中，$g(\cdot)$ 表示高斯滤波函数，用来对图像进行模糊；$\downarrow$ 表示对图像进行下采样操作，使其与原始的高光谱图像分辨率一致；$\boldsymbol{I}_{hs}^i$ 表示高光谱图像的第 i 个波段。对融合图像进行模糊和下采样操作的目的是使融合图像退化成低分辨率的高光谱图像，使得融合图像的光谱信息与原始的高光谱图像的光谱信息保持一致。

5.1.4　实验结果和分析

(1)实验数据和实验设置

为了验证提出方法的有效性，利用地观测卫星地球观测一号(Earth Observing-1，EO-1)拍摄的全色和高光谱图像对融合的效果进行验证。该数据集的高光谱图像的空间分辨率为 30 米，光谱的分辨率是 10 纳米，共包含有 242 个波段，范围是 400～

2500 纳米，全色图像的空间分辨率是 10 米。在本实验中，首先去除未定标波段、受水汽影响的波段和受噪声干扰的波段，剩余 162 个波段的高光谱数据将用来进行融合实验。用来做训练的高光谱图像和全色图像的数据维度大小为 1200 像素×182 像素×162 像素和 3600 像素×546 像素。测试集中高光谱图像大小为 133 像素×133 像素×162 像素，全色图像大小为 399 像素×399 像素。

为了验证提出方法的有效性，将本方法与 6 种不同的全色锐化的方法进行了对比，包括引导滤波的 PCA 融合法[7]、无偏风险估计融合法[8]、平滑滤波融合法[9]、共轭非负矩阵分解融合法[10]、残差卷积网络融合法[11]和残差注意力网络融合法[12]。

另外，以上所涉及的传统融合方法运行在 Intel CPU 上，型号为 i7-8700，3.2GHz。涉及的基于深度学习方法运行的 GPU 型号为 NVIDIA GeForce GTX 1080Ti。在训练阶段，高光谱图像训练样本的空间分辨率大小设置为 30 像素×30 像素，全色图像训练样本空间分辨率的大小设置为 90 像素×90 像素。模型训练时的批次大小设置为 16，学习率设置为 0.001。学习率的衰减率系数设置为 0.99，衰减周期为 10000。模型的优化器采用 RMSProp 优化器。

（2）不同方法的实验结果比较

本方法与 6 种不同的对照方法在 EO-1 数据集上的目视结果如图 5.4 所示。伪彩色图合成波段为红(29)、绿(13)、蓝(16)。可以看出，本方法的融合图像具有较好的主观目视效果。引导滤波的 PCA 融合法和平滑滤波融合法的色彩保真度较好，但是这两种融合方法的空间细节不够清晰。无偏风险估计融合法和共轭非负矩阵分解融合法具有较好的空间细节保真效果，但是光谱色彩保真度不佳，尤其是在湖面区域存在明显的光谱色彩失真。可以直观地看出，在湖面区域的局部放大图上，无偏风险估计融合法和共轭非负矩阵分解融合法的融合图像存在严重的光谱色彩偏差。残差卷积网络融合法的融合效果一般。残差注意力网络融合法与本方法相比，融合图像的空间细节存在一定程度的模糊现象，同时，光谱色彩保真度也不及本方法。

(a) 全色图像　　　　　　　　(b) 高光谱图像　　　　　　(c) 引导滤波的 PCA 融合法

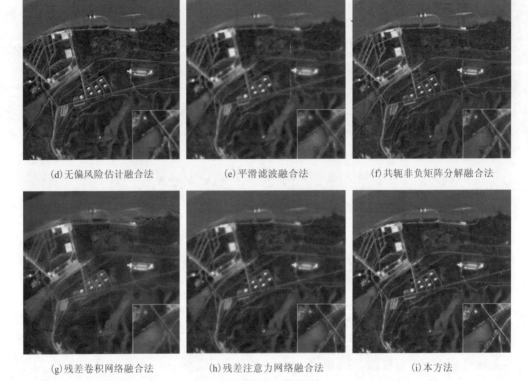

    (d)无偏风险估计融合法   (e)平滑滤波融合法   (f)共轭非负矩阵分解融合法

    (g)残差卷积网络融合法   (h)残差注意力网络融合法   (i)本方法

图 5.4　EO-1 卫星全色与高光谱图像融合实验结果示例(见彩图)

    在 EO-1 数据集上,不同方法的评价指标如表 5.1 所示。可以看出,本方法在 Q 值和相关系数值上具有最好的表现形式,同时在 SAM、ERGAS、RMSE 上相比其他方法具有最优的表现。与引导滤波的 PCA 融合法、无偏风险估计融合法、平滑滤波融合法、共轭非负矩阵分解融合法和残差注意力网络融合法等相比,本方法的计算耗时更少,但略高于残差卷积网络融合法融合方法。总体而言,本方法在空间细节和光谱色彩保真方面取得了最优效果。

表 5.1　不同的融合方法在 EO-1 数据集上的评价指标

方法	$Q(\uparrow)$	SAM$(\downarrow)$	CC$(\uparrow)$	ERGAS$(\downarrow)$	RMSE$(\downarrow)$	$t(\downarrow)$
引导滤波的 PCA 融合法	0.77	7.31	0.91	8.05	11.31	2.14
无偏风险估计融合法	0.88	5.47	0.90	6.72	8.69	84.08
平滑滤波融合法	0.76	6.01	0.89	8.81	14.68	2.33
共轭非负矩阵分解融合法	0.83	5.52	0.88	6.97	10.65	16.12
残差卷积网络融合法	0.76	15.57	0.64	27.73	27.43	1.12
残差注意力网络融合法	0.85	5.93	0.85	5.83	8.29	2.93
本方法	0.91	5.26	0.92	5.19	7.38	2.11

　　不同方法在 EO-1 数据集上的光谱反射差值与基准线 (黑色虚线) 的对比如图 5.5 所示，该图反映出不同方法对光谱的保真能力。图中的每个子图反映的是不同的融合方法在随机选取的 4 个位置上的融合图像的光谱反射差值。光谱反射差值曲线越接近基准线 (0)，其融合效果越好。与其他几种方法相比，可以直观地看出，本方法光谱反射差值与基线的偏差最小，即融合后的图像光谱色彩保真最好。平滑滤波融合法和残差注意力网络融合法的光谱保持能力次之。其他方法的光谱反射差值曲线波动较大，说明光谱保持能力较差。

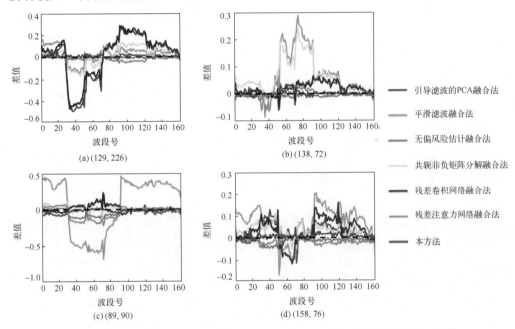

图 5.5　EO-1 数据集上随机选取的 4 个位置处的光谱反射差值对比 (见彩图)

(3) 不同参数对融合效果的影响

　　为了研究参数 α 对提出方法的融合效果的影响，对 α 不同取值时对应融合结果进行了统计，实验结果如表 5.2 所示。在实验中，α 设置了 4 个不同的取值，分别是 0.1、0.5、1 和 5。通过比较发现，参数 α 为 1 时，融合模型在 EO-1 数据集上的融合效果是最佳的。也就是说，空间细节保真损失函数和光谱色彩保真损失函数对融合模型是同等重要的。

表 5.2　参数 α 对融合效果的影响

α	$Q(\uparrow)$	SAM$(\downarrow)$	CC$(\uparrow)$	ERGAS$(\downarrow)$	RMSE$(\downarrow)$
0.1	7.4749	7.5784	08375	7.0828	8.9346
0.5	0.8895	6.8905	0.9142	5.2749	7.7804

续表

α	$Q(\uparrow)$	SAM($\downarrow$)	CC($\uparrow$)	ERGAS($\downarrow$)	RMSE($\downarrow$)
1	0.9111	5.2649	0.9221	5.1973	7.3834
5	0.7949	5.8923	0.8642	6.7854	9.3585

5.2　基于生成对抗网络的图像分层融合方法

在大多数基于卷积神经网络的全色锐化方法中，高光谱图像常被作为网络监督真值，下采样的全色和高光谱图像被作为训练数据[13-16]。然而，对全色和高光谱图像进行下采样，会导致图像空间信息的丢失，尤其是在具有尖锐边缘或丰富纹理的区域。利用下采样的图像训练的模型并不适用于在其原始空间分辨率下全色与高光谱图像的融合。另一方面，由于高光谱图像的空间信息与全色图像有很大差异，一步注入空间信息可能会造成空间失真。本节提出了一种无监督生成对抗网络模型进行全色与高光谱图像的融合。

①针对缺乏高分辨率训练样本问题，提出了利用原始全色图像和高光谱图像进行直接训练的方法。与在下采样图像上训练的模型相比，所提出的模型更适合对具有丰富空间和光谱信息的原始全分辨率图像进行融合。

②为了提高融合的保真度，设计了一种"由粗到精"的融合方案。该方案采用迭代的方式调整初始差分图像。如果初始输入更好，网络将工作得更好。与"一步法"相比，"由粗到精"的方法能更准确地提取图像的均值差，得到更好的融合图像。

③依据融合图像的空间细节和光谱色彩保真的需求，设计了空间细节和光谱色彩损失函数来约束模型的训练。

5.2.1　融合模型总体结构

本方法提出的无监督生成对抗网络模型(简称 UPanGAN)，由差值图像初始化模块、光谱色彩和空间细节损失约束生成对抗网络(GAN)组成。GAN 网络包括一个差值图像生成器和两个损失约束判别器。如图 5.6 所示，UPanGAN 是一种"由粗到精"的融合方案。与一步融合方案相比，"由粗到精"的融合方案能够更准确地提取全色图像和高光谱图像的均差图像，从而可以更好地保存具有丰富的全分辨率图像的空间和光谱信息。

假设全色图像和高光谱图像之间的空间分辨率比为 2^N。本方法首先通过 $P \downarrow 2^{N-1}$ 和 $F_0 \uparrow 2$ 相减生成差值图像 D_1，然后利用生成器迭代微调差值图像 D_i，直到 $i \geqslant N$。这里，符号"$\downarrow$"表示下采样操作，符号"$\uparrow$"表示上采样操作。所有的下采样操作均由均值下采样完成，而上采样操作均由双线性插值完成。需要特别指出的是，本方法的生成器并不直接生成融合图像 F_i，而是生成一个仅包含低频信息

的差值图像，并通过从 $P \downarrow 2^{N-1}$ 中减去 D_i 来间接获得融合图像，如下

$$UF_i = P - D_i = P - f(D'; \Theta) \tag{5-14}$$

其中，D' 表示生成器的输入数据，$f(\cdot)$ 表示生成网络，Θ 表示网络的可训练参数。接下来，将详细介绍均差值图像初始化和对抗性学习方法，包括均差值图像生成器和两个损失约束判别器。

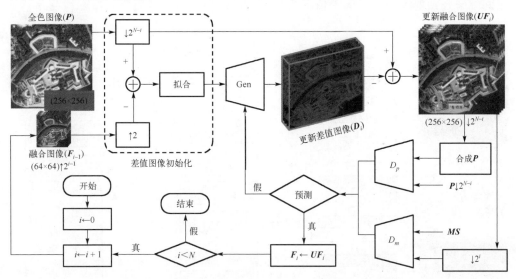

图 5.6　基于生成对抗网络的图像分层融合模型示意图

5.2.2　差值图像初始化

差值图像初始化的灵感来自于分量替换方法[17,18]。差值图像是全色图像和高光谱图像相减并进行高斯滤波得到的图像。差值图像中包含的信息越少，融合图像的保真度越好。事实上，如果减少其初始输入和可接受输出之间的差异，GAN 可以更好地工作。虽然，理想融合图像与高光谱图像之间存在很大的空间差异，而且理想融合图像与全色图像之间也存在很大的光谱差异。但是，在初始差值图像和可接受的差值图像之间的差异却相对比较小。因此，与其他深度学习融合方法不同，本方法不直接生成融合图像，而是计算全色图像与融合图像的均值图像。

为了初始化差值图像，采用了文献[19]中的数据拟合方案来平滑 $F_{i-1} \uparrow 2$ 和 $P \downarrow 2^{N-i}$ 之间的差分图像，即

$$D_i(b) = [(P \downarrow 2^{N-i}) - (F_{i-1}(b) \uparrow 2)] * G \tag{5-15}$$

其中，D_i 是初始差值图像，G 是高斯滤波器，b 是波段序列值。高斯滤波器的最优标准偏差设置为 2，并且其最优内核大小设置为 7。

5.2.3　生成对抗网络结构

对抗性学习架构由三个模块组成，即差值图像生成器、空间细节判别器和光谱色彩判别器。如图 5.7 所示，所有这些模块都是基于卷积神经网络实现的。均差值图像生成器根据精心设计的损失约束迭代地执行均差值图像 $\boldsymbol{D}_i$ 的微调。光谱色彩和空间细节判别器检查更新的差值图像是否满足空间细节和光谱色彩保真约束。

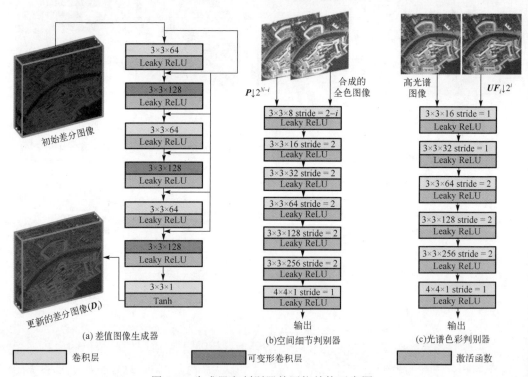

图 5.7　生成器和判别器的网络结构示意图

（1）差值图像生成器

差值图像生成器的网络结构如图 5.7(a) 所示。该生成器的优化目标是间接生成足以欺骗空间细节判别器和光谱色彩判别器的融合图像[2]。差值图像生成器具有 7 个卷积层。在该生成器中，奇数层执行标准卷积运算，而偶数层进行可变形卷积运算。与标准卷积只能提取矩形特征（$N \times N$）不同，可变形卷积可以自适应地捕获任何形状的特征。因此，可变形卷积的添加使得模型生成器能够更好地生成均值差。此外，小卷积核适合于提取初始均差值图像与可接受均差值图像之间的微小空间差异。因此，对于所有层，卷积核大小被设置为 3×3；第一层到第七层，激活函数采用 Leaky ReLU，最后一层的激活函数为 Tanh。此外，为了提高特征图的重用率，均差值图像生成器采用了残差单元 ResNet 开发的跳跃连接。因此，一层的输入是其前一层的输入和输出的总和。

所提出的生成器的最终目标是在理想融合图像 $\boldsymbol{F}_i$ 和全色下采样图像 $\boldsymbol{P}\downarrow 2^{N-i}$ 之间获得可接受的平均差图像 $\boldsymbol{D}_i$。事实上，与融合图像相比，均差值图像的空间细节要差得多，低层网络能够微调平均差图像。为了在融合性能和计算成本之间取得平衡，生成器被设计为一个 7 层网络。

在本方法的生成器中，损失函数在生成高保真融合图像中起关键作用，直接影响融合图像的质量。它由光谱损失函数 l_m^g 和空间损失函数 l_p^g 组成

$$l_g = l_p^g + l_m^g \tag{5-16}$$

l_m^g 表示更新后的融合图像 $\boldsymbol{UF}_i$ 和 $\boldsymbol{MS}$ 之间的差异。在此，$\boldsymbol{UF}_i$ 由下式计算得到

$$\boldsymbol{UF}_i^k(b) = [(\boldsymbol{P}\downarrow 2^{N-i}) - \boldsymbol{D}_i^k(b)] \tag{5-17}$$

其中，k 是训练样本序列，b 是波段序列号，$\boldsymbol{D}_i^k(b)$ 是更新后的差值图像。

光谱损失函数如下

$$l_m^g = \frac{1}{KB}\sum_{k=1}^{K}\sum_{b=1}^{B}\left\|\frac{\boldsymbol{UF}_i^k(b)\downarrow 2^i - \boldsymbol{MS}^k(b)}{\boldsymbol{MS}^k(b)}\times \boldsymbol{M}_b^k\right\|_F^2 + \alpha l_{a1} \tag{5-18}$$

其中，K 是训练样本的总数，B 是图像的总波段数，$\boldsymbol{M}_b^k$ 是 $\boldsymbol{MS}^k(b)$ 的均值，$\|\cdot\|_F^2$ 表示矩阵 Frobenius 范数，α 是用于调整两个项的权重的设置参数，l_{a1} 是光谱对抗性损失，用于衡量更新后的融合图像与原始多光谱图像之间的光谱信息差异，可定义如下

$$l_{a1} = \frac{1}{K}\sum_{k=1}^{K}(D_m(\boldsymbol{UF}_i^k\downarrow 2^i) - u)^2 \tag{5-19}$$

其中，D_m 表示光谱色彩判别器，u 表示光谱色彩判别器对生成器生成的融合图像的置信度。在光谱色彩损失函数的设计中，本方法考虑了 $\boldsymbol{MS}^k(b)$。这样做的原因是，当 $\boldsymbol{MS}^k(b)$ 的值较小时，$\boldsymbol{UF}_i^k(b)$ 的微小变化可能会导致明显的光谱色彩失真。所提出的光谱损失函数可以放大轻微的光谱变化以避免光谱失真。

由于缺乏理想的融合图像作为参考图像，很难直接测量空间损失。为了解决这个问题，将全色下采样图像 $\boldsymbol{P}\downarrow 2^{N-i}$ 作为空间参考，然后合成一个全色图像 $\boldsymbol{P}_i$ 来评估空间损失。为了克服过饱和失真问题，利用比值变换通过候选融合图像合成全色图像。首先，图像比率 $\boldsymbol{R}_i$ 由下式计算

$$\boldsymbol{R}_i^k = \sum_{b=1}^{B}\boldsymbol{UF}_i^k(b)\bigg/\sum_{b=1}^{B}[(\boldsymbol{UF}_i^k(b)\downarrow 2)\uparrow 2] \tag{5-20}$$

其中，k 是训练样本的序列，b 是波段序列值，$\boldsymbol{UF}_i$ 是更新后的融合图像。然后将伪全色图像定义为

$$\hat{\boldsymbol{P}}_i^k = \boldsymbol{P}_i^k \times (\boldsymbol{P} \downarrow 2^{N-i}) \tag{5-21}$$

在这种情况下，空间损失可以通过 $\boldsymbol{P} \downarrow 2^{N-i}$ 和 $\boldsymbol{P}_i^k$ 之间的差异来准确测量。因此，空间损失函数最终定义为

$$l_p^g = \frac{1}{4^i K} \sum_{k=1}^{K} \left\| (\boldsymbol{P} \downarrow 2^{N-i}) - \hat{\boldsymbol{P}}_i^k \right\|_F^2 + \beta l_{a2} \tag{5-22}$$

其中，β 是可调节参数，用于平衡第一项和第二项。值得一提的是，l_m^g 和 l_p^g 对融合性能同样重要。因此，没有设置额外的参数来调整 l_m^g 和 l_p^g 的权重。与上述光谱损失类似，在第二项中添加了空间对抗性损失如下

$$l_{a2} = \frac{1}{K} \sum_{k=1}^{K} (D_p(\hat{\boldsymbol{P}}_i^k) - v)^2 \tag{5-23}$$

其中，D_p 为光谱色彩判别器，v 为空间细节判别器对生成器生成的融合图像的置信度。

(2) 空间细节判别器和光谱色彩判别器

空间细节判别器与光谱色彩判别器的网络结构如图 5.7(b) 和 (c) 所示，两者具有一些相似性。D_p 结构有 7 个卷积层，而 D_m 有 6 层；除了最后一层，卷积核大小为 3×3；对于所有卷积层，它们提取的特征图的数量设置为[8, 16, 32, 64, 128, 256, 1]；采用 Leaky ReLU 作为激活函数。由于空间细节判别器的输入图像大小是光谱色彩判别器的 4 倍，所以空间细节判别器的步长与谱判别器的步长不同。空间细节判别器的步长设置为[2, 2, 2, 2, 2, 2, 1]，而光谱色彩判别器的步长设置为[1, 1, 2, 2, 2, 1]。空间细节判别器和光谱色彩判别器分别根据以下损失函数检查更新后的融合图像的空间保真度和光谱色彩保真度。最终，生成器可以在通过保真度检查后提供合格的融合图像。

空间损失函数和光谱损失函数来分别评估更新后的融合图像的空间保真度和光谱色彩保真度。评估值是一个概率，其值范围为 0～1。为了评估融合图像的效果，利用比值变换合成伪全色图像，公式如下

$$\hat{\boldsymbol{P}}_i^k = (\boldsymbol{P} \downarrow 2^{N-i}) \times \sum_{b=1}^{B} \boldsymbol{UF}_i^k(b) \bigg/ \sum_{b=1}^{B} [(\boldsymbol{UF}_i^k(b) \downarrow 2) \uparrow 2] \tag{5-24}$$

同样，在空间细节判别器中，空间损失函数也是通过评估 $\boldsymbol{P} \downarrow 2^{N-i}$ 和 $\hat{\boldsymbol{P}}_i^k$ 之间的差异来计算的。这里，$\boldsymbol{P} \downarrow 2^{N-i}$ 被认为是空间参考图像。因此，空间细节损失函数定义如下

$$l_p^d = \frac{1}{K} \sum_{k=1}^{K} ([D_p(\hat{\boldsymbol{P}}_i^k) - a]^2 + [D_p(\boldsymbol{P}^k \downarrow 2^{N-i}) - b]^2) \tag{5-25}$$

其中，a 和 b 分别为合成全色图像 $\hat{\boldsymbol{P}}_i^k$ 和目标图像 $\boldsymbol{P}^k \downarrow 2^{N-i}$ 的标签；$D_p(\hat{\boldsymbol{P}}_i^k)$ 和 $D_p(\boldsymbol{P}^k \downarrow 2^{N-i})$ 表示伪全色图像和目标图像的分类结果。为了尽可能区分融合后的图像是伪图像，全色图像是真实图像，实验中设置 a 为 0，b 为 1。

在光谱色彩判别器中，选择多光谱图像作为光谱目标图像。光谱色彩损失函数为

$$l_m^d = \frac{1}{K} \sum_{k=1}^{K} ([D_m(\boldsymbol{UF}_i^k \downarrow 2^i) - c]^2 + [D_m(\boldsymbol{MS}^k) - d]^2) \tag{5-26}$$

其中，c 和 d 分别代表下采样融合图像 $\boldsymbol{UF}_i^k \downarrow 2^i$ 和目标图像 $\boldsymbol{MS}^k$ 的标签。$D_m(\boldsymbol{UF}_i^k \downarrow 2^i)$ 和目标图像 $D_m(\boldsymbol{MS}^k)$ 是下采样融合图像和目标图像的分类结果。c 和 d 分别设置为 0 和 1。

5.2.4　实验结果和分析

(1)实验数据和参数设置

实验数据集主要包括 Chikusei 高光谱图像以及天宫平台采集的全色与高光谱图像。该数据集中高光谱图像的空间分辨率为 2.5 米，包含有 128 个波段，光谱范围是 363～1018 纳米。去除未定标波段、水汽吸收波段和噪声干扰波段后，剩下 124 个波段可以用于实验。我国天宫平台的全色图像空间分辨率为 1 米，高光谱可见光与近红外波段的空间分辨率为 10 米，其光谱范围 0.4～1.0 微米，有效光谱波段数量 60 个，覆盖地表面积为 1000×10000 平方米。

由于 Chikusei 数据集只包含了高光谱图像，所以采用了合成的全色图像和高光谱图像进行实验。其中，合成的全色图像空间分辨率为 2.5 米，高光谱图像空间分辨率为 10 米。训练集采用的高光谱图像的大小为 150 像素×150 像素×124 像素，全色图像的大小为 450 像素×450 像素。测试集中包含的高光谱图像为 100 像素×70 像素×124 像素，全色图像为 300 像素×210 像素。在训练阶段，高光谱图像训练样本的空间分辨率大小设置为 30 像素×30 像素，全色图像训练样本空间分辨率的大小设置为 90 像素×90 像素。对于天宫平台的全色和高光谱图像，覆盖地表 1000×5000 平方米的数据用于训练，剩余 1000×5000 平方米的数据用于测试。

(3)不同方法的实验比较

本实验在配备 NVIDIA GeForce RTX 3090 GPU 和 64GB 内存的工作站上进行训练。使用 RMSProp 优化器，初始学习率设置为 0.0002，衰减率为 0.99。衰减步长设置为 10000，历元设置为 100。批处理图像的大小设置为 32。为了验证提出的融合方法的有效性，将该方法与 6 种不同的融合方法进行了对比，包括共轭非负矩阵分解融合法[10]、残差卷积网络融合法[11]、残差注意力网络融合法[12]、3D 生成对抗网络融合法[2]、空谱联合网络融合法[18]、比值变换融合法[5]。图 5.8 和图 5.9 分别给出了 Chikusei 和天宫平台实验数据的融合结果示例。对比各融合方法生成的融合图像，

可知，共轭非负矩阵分解融合法、残差卷积网络融合法和残差注意力网络融合法的空间细节和色彩保真度整体不理想；空谱联合网络融合法、3D 生成对抗网络融合法和比值变换融合法的空间细节保真效果较好，但是融合图像的光谱色彩存在一定的偏离；本方法融合图像空间细节清晰，光谱色彩与高光谱图像一致，取得了最佳的融合效果。

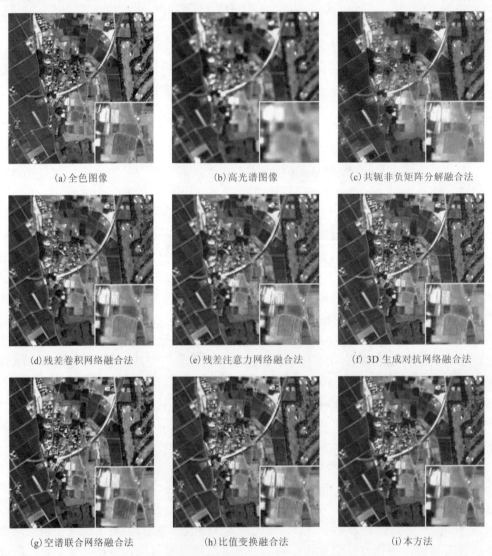

(a)全色图像　　　　　　(b)高光谱图像　　　　　(c)共轭非负矩阵分解融合法

(d)残差卷积网络融合法　　(e)残差注意力网络融合法　　(f) 3D 生成对抗网络融合法

(g)空谱联合网络融合法　　(h)比值变换融合法　　　　(i)本方法

图 5.8　Chikusei 数据融合实验结果示例(见彩图)

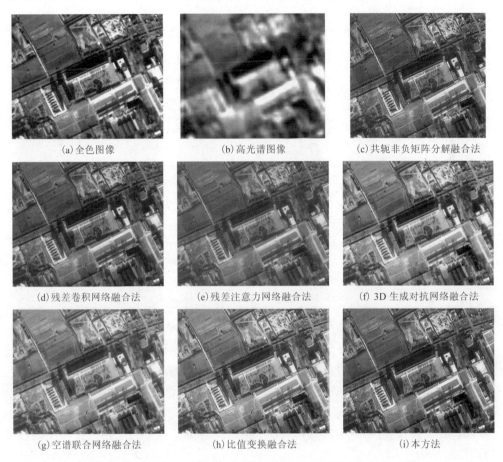

(a)全色图像　　　　　　　　　(b)高光谱图像　　　　　　　(c)共轭非负矩阵分解融合法

(d)残差卷积网络融合法　　　　(e)残差注意力网络融合法　　　(f) 3D 生成对抗网络融合法

(g)空谱联合网络融合法　　　　(h)比值变换融合法　　　　　　(i)本方法

图 5.9　天宫平台全色与高光谱图像融合实验结果示例(见彩图)

　　为客观评价各融合方法的实验效果,本实验采用 Q 值、SAM[19]、CC 值(相关系数)、ERGAS[20]、RMSE[21]五个指标来评价融合图像的保真度。表 5.3 和表 5.4 分别列出了 Chikusei 数据集和天宫数据集融合实验的客观评价结果。对比两组客观评价数据可知,各方法在 Chikusei 数据集上取得了稍优于天宫数据集的实验评价,这是由于 Chikusei 数据集的实验采用了仿真手段生成全色图像。对比所有方法的实验结果,可知本方法在所有评价指标上取得了最优的结果。

表 5.3　Chikusei 数据集的融合实验客观评价统计表

	$Q(\uparrow)$	SAM($\downarrow$)	CC($\uparrow$)	ERGAS($\downarrow$)	RMSE($\downarrow$)
共轭非负矩阵分解融合法	0.6853	5.0286	0.8186	7.6947	10.3733
残差卷积网络融合法	0.8173	5.1858	0.8483	4.4805	9.7357
残差注意力网络融合法	0.8269	4.4784	0.8594	9.6977	14.5325

续表

	$Q(\uparrow)$	SAM($\downarrow$)	CC($\uparrow$)	ERGAS($\downarrow$)	RMSE($\downarrow$)
3D 生成对抗网络融合法	0.8774	3.6929	0.9079	6.3845	8.5834
空谱联合网络融合法	0.7484	4.0375	0.8385	8.7046	11.2647
比值变换融合法	0.8496	4.1735	0.8956	4.4895	9.8537
本方法	0.9154	3.3245	0.9364	4.2947	7.4185

表 5.4　　天宫数据集的融合实验客观评价统计表

	$Q(\uparrow)$	SAM($\downarrow$)	CC($\uparrow$)	ERGAS($\downarrow$)	RMSE($\downarrow$)
共轭非负矩阵分解融合法	0.7219	5.2456	0.8215	7.3459	11.3724
残差卷积网络融合法	0.7893	5.4591	0.8257	6.9831	10.7901
残差注意力网络融合法	0.7965	4.9120	0.8454	8.4672	12.8965
3D 生成对抗网络融合法	0.8342	3.8967	0.8611	7.3890	9.5811
空谱联合网络融合法	0.8371	3.9701	0.8629	7.0013	10.9129
比值变换融合法	0.8415	3.8921	0.8751	6.2456	9.0789
本方法	0.8928	3.4320	0.9108	6.0137	8.2371

(3)"由粗到精"法分析

表 5.5 和图 5.10 分别给出了"由粗到精"法和一步法的评价指标和融合结果比较。通过比较两种方法的融合图像，可以观察到两种方法获得了几乎相同的光谱色彩保真度。然而，"由粗到精"方法的融合图像比一步法的融合图像更清晰。表 5.5 列出了融合图像的定量评估。与一步法相比，"由粗到精"方法各项评价指标均优于一步法。实验结果表明，"由粗到精"方法是提高基于深度学习的融合方法空间性能的有效途径。

表 5.5　　"由粗到精"法和一步法的评价指标

方法	$Q(\uparrow)$	SAM($\downarrow$)	CC($\uparrow$)	ERGAS($\downarrow$)	RMSE($\downarrow$)
一步法	0.8173	3.7858	0.8483	4.4805	9.7357
"由粗到精"法	0.9154	3.7245	0.9164	4.2947	7.4185

(4)损失函数分析

生成器的损失函数可以直接影响融合图像的质量。在 UPanGAN 中，生成器损失函数(l_g)由光谱损失函数(l_m^g)和空间损失函数(l_p^g)组成，即 $l_g = l_m^g + l_p^g$。为了获得良好的融合性能，空间损失函数应该具有检查模糊空间细节的能力。同时，光谱损失函数应考虑强光谱反射区和弱光谱反射区的光谱保留。为了验证所提出的损失函数的有效性，设计了两个用于比较的损失函数，即 l_λ^g 和 l_s^g，如下所示

$$l_\lambda^g = \frac{1}{KB} \sum_{k=1}^{K} \sum_{b=1}^{B} \left\| UF_i^k(b) \downarrow 2^i - MS^k(b) \right\|_F^2 + \alpha l_{a1} \tag{5-27}$$

$$l_s^g = \frac{1}{4^i K} \sum_{k=1}^{K} \left\| \nabla \left(\sum_{b=1}^{B} \boldsymbol{UF}_i^k(b) \right) - \nabla (\boldsymbol{P} \downarrow 2^{N-i}) \right\|_F^2 + \beta l_2 \tag{5-28}$$

其中，$\boldsymbol{UF}_i^k$ 是候选融合图像，∇ 表示梯度算子。αl_{a1} 和 βl_{a2} 是光谱和空间对抗性损失，与提出的损失函数相同。l_λ^g 和 l_s^g 分别用于计算空间损失和光谱损失。这些损失函数通常用于其他 GAN 方法，如 PanGAN。因此，UPanGAN 中的光谱色彩损失被替换为 l_λ^g 以证明良好的性能。同样，l_s^g 可用于验证提出的空间细节损失。然后定义了三个损失比较函数，即 $l_0 = l_s^g + l_\lambda^g$、$l_1 = l_s^g + l_m^g$ 和 $l_2 = l_p^g + l_\lambda^g$。在其他条件相同的情况下，$l_0$、$l_1$ 和 l_2 分别用于训练提出的模型。

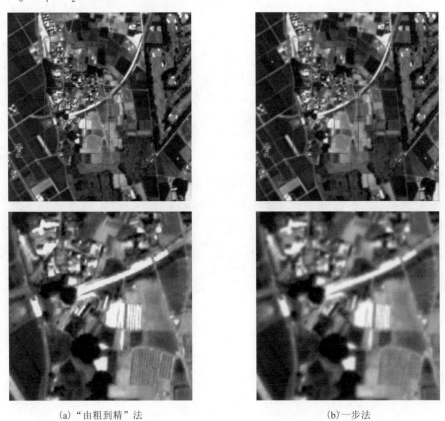

(a)"由粗到精"法　　　　　　　　　　　　　　(b)一步法

图 5.10　"由粗到精"法和一步法实验结果对比（见彩图）

由图 5.10 可以看到提出的损失函数的优化细节。因为对于弱光谱反射区域，如阴影和水，光谱反射率很小，如果考虑融合图像和高光谱图像之间的绝对差异，这些区域对损失的影响将小于强反射区域，所以，这些区域容易出现频谱失真。本节的改进是将光谱变化的相对值引入损失函数。同时，空间损失函数应该具有发现空间差异细节的能力。因为在原始损失函数中，融合图像合成的单通道图像与全色图像存在灰度差异，无法准确描述它们之间的空间信息差异。相反，本方法是将融合图像的纹理特征注入原始全色图像中，得到合成的单通道图像，其灰度级与全色图像相同。因此，优化后的损失函数可以准确地捕获差异信息。

不同损失函数方案生成的融合子集如图 5.11 所示。对比图 5.11 (a) 和图 5.11 (b) 可以看出，l_0、l_1 方案的融合图像不如 l_g 方案。这表明所提出的空间损失函数是空间保真度保持的有效约束。在图 5.11 (c) 中，l_2 方案的融合图像不如 l_g 方案。为了更好地保持光谱色彩保真度，所提出的光谱损失函数根据变化率调整光谱色彩保真度。表 5.6 给出了不同方案获得的融合结果的定量评估。根据实验结果，可以看到所提出的损失函数对于提高空间和光谱性能都是有效的。

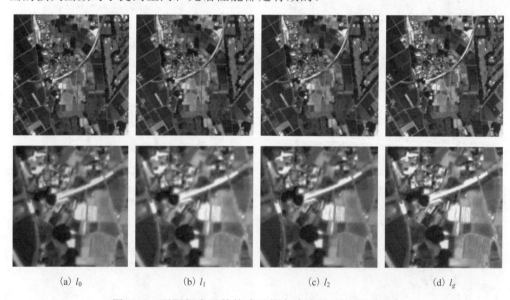

(a) l_0 (b) l_1 (c) l_2 (d) l_g

图 5.11 不同损失函数策略下的实验结果对比(见彩图)

表 5.6 不同损失函数的评价指标

方法	$Q(\uparrow)$	SAM($\downarrow$)	CC($\uparrow$)	ERGAS($\downarrow$)	RMSE($\downarrow$)
l_0	0.8103	3.8234	0.8281	4.8533	9.9267
l_1	0.8359	4.0159	0.9014	5.0193	8.5846
l_2	0.8730	3.9493	0.8739	4.4810	8.0295
l_g	0.9154	3.7245	0.9164	4.2947	7.4185

5.3 本 章 小 结

本章介绍了两种全色与高光谱图像融合方法，分别是基于残差网络的全色与高光谱图像融合方法和基于生成对抗网络的全色与高光谱图像分层融合方法，用于对具有丰富空间和光谱信息的全分辨率高光谱图像进行融合。实验结果表明，本章方法具有良好的融合性能，优于现有的许多融合方法。

参 考 文 献

[1] Imani M, Ghassemian H. An overview on spectral and spatial Information fusion for hyperspectral image classification: current trends and challenges. Information Fusion, 2020, 59: 59-83.

[2] Xie W, Cui Y, Li Y, et al. HPGAN: hyperspectral pansharpening using 3-D generative adversarial networks. IEEE Transactions on Geoscience and Remote Sensing, 2020, 59(1): 463-477.

[3] Zheng Y, Li J, Li Y, et al. Hyperspectral pansharpening using deep prior and dual attention residual network. IEEE Transactions on Geoscience and Remote Sensing, 2020, 58(11): 8059-8076.

[4] Vivone G, Dalla M M, Garzelli A, et al. A new benchmark based on recent advances in multispectral pansharpening: revisiting pansharpening with classical and emerging pansharpening methods. IEEE Geoscience and Remote Sensing Magazine, 2020, 9(1): 53-81.

[5] 徐其志, 高峰. 基于比值变换的全色与多光谱图像高保真融合方法. 计算机科学, 2014, 41(10): 4.

[6] He F, Liu T, Tao D. Why ResNet works? residuals generalize. IEEE Transactions on Neural Networks and Learning Systems, 2020, 31(12): 5349-5362.

[7] Liao W, Huang X, Van Coillie F, et al. Processing of multiresolution thermal hyperspectral and digital color data: outcome of the 2014 IEEE GRSS data fusion contest. IEEE Journal of Selected Topics in Applied Earth Observations and Remote Sensing, 2015, 8(6): 2984-2996.

[8] Simoes M, Bioucas-Dias J, Almeida L, et al. A convex formulation for hyperspectral image super-resolution via subspace-based regularization. IEEE Transactions on Geoscience and Remote Sensing, 2014, 53(6): 3373-3388.

[9] Liu J G. Smoothing filter-based intensity modulation: a spectral preserve image fusion technique for improving spatial details. International Journal of Remote Sensing, 2000, 21(18): 3461-3472.

[10] Yokoya N, Yairi T, Iwasaki A. Coupled nonnegative matrix factorization unmixing for hyperspectral and multispectral data fusion. IEEE Transactions on Geoscience and Remote Sensing, 2011, 50(2): 528-537.

[11] Zheng Y, Li J, Li Y, et al. Deep residual learning for boosting the accuracy of hyperspectral pansharpening. IEEE Geoscience and Remote Sensing Letters, 2019, 17(8): 1435-1439.

[12] Scarpa G, Vitale S, Cozzolino D. Target-adaptive CNN-based pansharpening. IEEE Transactions on Geoscience and Remote Sensing, 2018, 56(9): 5443-5457.

[13] Xu H, Ma J, Shao Z, et al. SDPNet: a deep network for pan-sharpening with enhanced information representation. IEEE Transactions on Geoscience and Remote Sensing, 2020, 59(5): 4120-4134.

[14] Jiang M, Shen H, Li J, et al. A differential information residual convolutional neural network for pansharpening. ISPRS Journal of Photogrammetry and Remote Sensing, 2020, 163: 257-271.

[15] Liu Q, Zhou H, Xu Q, et al. PSGAN: a generative adversarial network for remote sensing image pan-sharpening. IEEE Transactions on Geoscience and Remote Sensing, 2020, 59(12): 10227-10242.

[16] Zheng Y, Li J, Li Y, et al. Deep residual spatial attention network for hyperspectral pansharpening//IEEE International Geoscience and Remote Sensing Symposium, 2020: 2671-2674.

[17] Xu Q, Li B, Zhang Y, et al. High-fidelity component substitution pansharpening by the fitting of substitution data. IEEE Transactions on Geoscience and Remote Sensing, 2014, 52(11): 7380-7392.

[18] Qu J, Shi Y, Xie W, et al. MSSL: hyperspectral and panchromatic images fusion via multiresolution spatial-spectral feature learning networks. IEEE Transactions on Geoscience and Remote Sensing, 2021, 60: 1-13.

[19] Wang Z, Bovik A C. A universal image quality index. IEEE Signal Processing Letters, 2002, 9(3): 81-84.

[20] Zhou J, Civco D L, Silander J A. A wavelet transform method to merge Landsat TM and SPOT panchromatic data. International Journal of Remote Sensing, 1998, 19(4): 743-757.

[21] Loncan L, de Almeida L B, Bioucas-Dias J M, et al. Hyperspectral pansharpening: a review. IEEE Geoscience and Remote Sensing Magazine, 2015, 3(3): 27-46.

第6章 多光谱与高光谱图像高保真融合方法

随着光学成像技术的不断发展，目前已经可以获取具有较高光谱分辨率的图像——高光谱图像，但高空间分辨率和高光谱分辨率的图像采集仍存在较大困难。一方面，高光谱图像成像过程会带来空间模糊及下采样，且随着光谱分辨率的进一步提升，光谱带宽变窄，需要较大瞬时视场才能累积足够多的光子以维持较高的成像信噪比，这限制了高光谱图像空间分辨率的提升；另一方面，光谱分辨率的提升主要依赖成像光谱仪的分光系统，由于其光学结构复杂、体积大、质量大，多搭载在大型卫星或航空遥感平台上，这限制了高光谱数据获取的便捷性和经济性。因此，实际应用中更易获取的是低空间分辨率高光谱图像(低分高光谱图像)与高空间分辨率多光谱图像(高分多光谱图像)，而如何采用后处理手段，通过高分多光谱图像与低分高光谱图像的融合获取高空间分辨率高光谱图像(高分高光谱图像)，则是本章介绍的重点。据此，本章介绍基于稀疏表示与双字典的多光谱与高光谱图像融合方法以及基于多路神经网络学习的多光谱与高光谱图像融合方法。

6.1 基于稀疏表示与双字典的多光谱与高光谱图像融合方法

根据光学成像原理，观测得到的高分多光谱图像 $Y_M \in \mathbf{R}^{\lambda_Y \times N}$ 可以表示为高分高光谱图像 $X \in \mathbf{R}^{\lambda_X \times N}$ 的光谱退化

$$Y_M = LX + N_M \tag{6-1}$$

其中，N 表示 X 和 Y_M 中各波段所含像元个数，λ_X 和 λ_Y 分别表示 X 和 Y_M 中的光谱波段数。$L \in \mathbf{R}^{\lambda_Y \times \lambda_X}$ 为光谱响应函数，N_M 表示观测模型中的零均值高斯噪声。观测得到的低分高光谱图像 $Y_H \in \mathbf{R}^{\lambda_X \times n}$ 可以表示为高分高光谱图像 X 的空间退化

$$Y_H = XH + N_H \tag{6-2}$$

其中，n 表示 Y_H 中各波段所含像元个数，λ_X 表示 Y_H 中的光谱波段数，$H \in \mathbf{R}^{N \times n}$ 为空间模糊和下采样函数，N_H 表示观测模型中的零均值高斯噪声。

由于观测图像 Y_M、Y_H 的维数 $\lambda_Y N$、$\lambda_X n$ 远小于待重建图像 X 的维数 $\lambda_X N$，所以，由观测图像 Y_M 和 Y_H 融合重建 X 的过程是一个欠定问题，无确定解。因此，该重建问题的关键在于如何针对待重建图像 X 引入某种类型的先验知识，进一步限定问题的求解范围，使得由 Y_M 和 Y_H 融合重建的高分高光谱图像 X 更加接近真实高分高光谱图像。

　　本章在分析验证高光谱图像光谱维与空间维固有稀疏特性的基础上，将稀疏约束引入高分高光谱图像的融合重建模型中，提出了基于稀疏表示与双字典优化的高分多光谱与低分高光谱图像融合方法[1]；将神经网络引入高分高光谱图像的融合重建模型中，提出了基于多路神经网络学习的多光谱与高光谱图像融合方法[2]。前者，进一步通过空间字典重建空间信息，同时通过光谱字典与空间字典的优化推导，实现了高分高光谱图像的精确重建，基于分裂思想的字典学习与稀疏系数优化求解，进一步提升了融合重建结果的准确性和稳健性；后者，通过详细分析不同空间分辨率下光谱映射关系的一致性，在低空间分辨率图像的子空间中利用多路神经网络建立光谱映射关系，在高空间分辨率图像中利用这一光谱映射关系将空间信息与光谱信息相融合，从而获得高质量高分高光谱图像。

6.1.1　高光谱图像的稀疏特性分析

　　(1)高光谱图像光谱维稀疏特性分析

　　高光谱图像所具有的上百乃至上千个光谱波段是辨识地物类别的重要依据，但由于实际场景中的地物类别数远低于光谱波段总数，细化后的光谱向量在提升地物类别辨识度的同时，也存在较高的相关性，这使得其可以在某个光谱字典下稀疏表示[3, 4]。图 6.1 (a)给出了赤铜矿高光谱图像中随机抽取的 10 个光谱向量，该图像由机载可见光/红外成像光谱仪(Airborne Visible/Infrared Imaging Spectrometer，AVIRIS)获取，共 180 个光谱波段。由图 6.1 (a)不难看出，这些光谱向量间存在高度相关性。

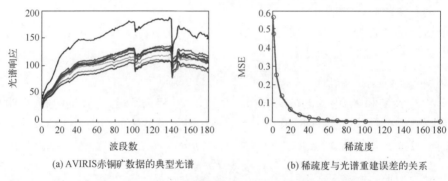

(a) AVIRIS赤铜矿数据的典型光谱　　　　　　　(b) 稀疏度与光谱重建误差的关系

图 6.1　AVIRIS 赤铜矿数据的光谱维稀疏性分析(见彩图)

　　为了进一步分析高光谱图像的光谱维稀疏特性，本节将从物理模型和统计分析两个方面，对高光谱图像的光谱维稀疏性进行分析验证。

　　首先，高光谱图像的成像过程导致其空间分辨率一般较低，因此，每一像素往往包含多种地物。根据线性混合像元分解模型[5]，每一像素点对应的光谱向量可由端元光谱向量的线性组合构成，其中，端元光谱向量由观测图像提取的"纯净"地物光谱构成，且端元个数以及每个像素点所对应的端元个数也是有限的，与观测区域内纯净地物种类的数量相关。这里，假设高光谱图像 X 包含 R 个端元，各端元光谱向量由 $e_i \in \mathbf{R}^{\lambda_x}$ 表示，此时任一像素的光谱向量可表示为

$$x_i = \sum_{r=1}^{R} a_{ri} e_r = E a_i \tag{6-3}$$

其中，$a_i \in \mathbf{R}^R$ 为组合系数，$E \in \mathbf{R}^{\lambda_x \times R}$ 为所有端元光谱向量构成的矩阵。如果将 a_i 中的非零元素个数记为 S_i，则有 $S_i = \|a_i\|_0 \ll R \ll \min\{\lambda_x, N\}$。高光谱图像 X 可以进一步表示为

$$\begin{aligned} X &= [x_1, x_2, \cdots, x_N] \\ &= [E a_1, E a_2, \cdots, E a_N] = E A \end{aligned} \tag{6-4}$$

此时，系数矩阵 $A \in \mathbf{R}^{R \times N}$ 的非零元素个数为

$$\| A \|_0 = \sum_{i=1}^{N} \|a_i\|_0 = \sum_{i=1}^{N} S_i \ll RN \tag{6-5}$$

如果将矩阵 E 视为光谱字典，式(6-5)从物理模型角度说明，高光谱图像可在表征地物光谱的光谱字典下稀疏表示。

从统计分析角度，图 6.1(a)给出了赤铜矿高光谱图像中随机抽取的 1000 个光谱向量，在式(6-4)所示光谱字典稀疏模型下对其进行稀疏表示后，图 6.1(b)给出了稀疏度与稀疏表达误差的关系。由图 6.1(b)可以看出，当采用光谱字典中的 20 个列向量对高光谱图像中的 180 维光谱向量进行稀疏表示时，其表示误差已经小于 0.1。由此可见，光谱维中高光谱图像是可以被合适的光谱字典稀疏表示的。

(2) 高光谱图像空间维与剩余空间维稀疏特性分析

高光谱图像在空间维上与自然图像一致，具有一定的空间结构相似性，这使得其可以在某个空间字典下稀疏表示。图 6.2 分别给出了 AVIRIS 光谱仪以及 HYDICE 光谱仪所获取的第 10 波段城区高光谱图像。其中，同色矩形框标示了若干空间结构相似的图像块。由图 6.2 可以看出，空间维中的结构相似性广泛存在于高光谱图像的图像块之间。这里，假设将高光谱图像 X 划分成尺寸为 $\sqrt{B_p} \times \sqrt{B_p}$ 的图像块，则 X 可进一步表示为

$$X = D_p \circ \alpha \tag{6-6}$$

其中，$D_p \in \mathbf{R}^{B_p \times K_p}$ 为空间字典，$\alpha \in \mathbf{R}^{R_p \times N_p}$ 为稀疏表示系数，符号 "$\circ$" 是一种常用的图像块乘法的等价表示[6, 7]。

随机抽取图 6.2(a)所示城区高光谱图像的 1000 个 10×10 图像块，在式(6-6)所示空间字典稀疏模型下进行稀疏表示后，图 6.3(a)给出了稀疏度与稀疏表达误差的关系。由图 6.3(a)可以看出，当利用空间字典中的 30 个列向量对高光谱图像块张成的 100 维空间向量进行稀疏表示时，其表示误差已经接近于 0.1。由此可见，空间

维中高光谱图像也是可以被合适的空间字典稀疏表示的。此外，图 6.3(b)进一步给出了经过光谱字典表达后的剩余空间维，在空间字典上的稀疏表达特性，对比图 6.3(a)与(b)可以得出剩余空间维稀疏度小于原始空间维稀疏度的结论。

(a)AVIRIS 城区高光谱图像

(b)HYDICE 城区高光谱图像

图 6.2 高光谱图像的空间结构相似性示例

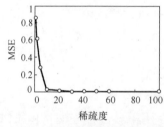
(a)稀疏度与空间信息表示误差的关系

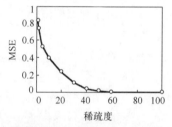
(b)稀疏度与剩余空间信息表示误差的关系

图 6.3 AVIRIS 城区高光谱图像的空间维稀疏特性分析

6.1.2 基于稀疏表示与双字典的多光谱与高光谱图像融合

高光谱图像在光谱维是稀疏的，在此基础上考虑到高分多光谱图像 Y_M 的剩余部分含有更加丰富的空间信息，本节拟通过综合利用 Y_M 与 Y_H 中的剩余空间信息，实现对 E 的更准确的估计。基于上述考虑，本节提出了基于稀疏表示与双字典的多光谱与高光谱图像融合方法。该方法通过空间字典重建空间信息，同时通过理论上对光谱字典与空间字典的优化推导，综合优化利用光谱与空间信息，实现了高分高光谱图像的精确重建。

在稀疏框架中，高分高光谱图像 X 可以表示为光谱字典 $D \in \mathbf{R}^{\lambda_X \times K}$ 线性组合

$$X = DA + E \tag{6-7}$$

其中，$A \in \mathbf{R}^{K \times N}$ 为稀疏系数矩阵；$E \in \mathbf{R}^{\lambda_x \times N}$ 为误差矩阵，用以表示光谱字典无法表达的部分。需要特别指出的是，在基于光谱字典的稀疏表示中，光谱字典 D 中的每个列向量不再具有具体物理意义。与线性混合像元分解模型中具有物理含义的"纯净"端元相比，D 中的每个列向量可看成一个"广义"的端元。与主成分分析中的特征向量类似，广义端元给出了稀疏约束下高分高光谱图像的最佳数学表达，由广义端元组成的光谱字典可看成广义上的端元矩阵。将式(6-7)代入式(6-1)和式(6-2)中，观测图像可以表示为

$$Y_M = D_L A + LE + N_M \tag{6-8}$$

$$Y_H = D A_H + EH + N_H \tag{6-9}$$

其中，$D_L = LD$，$A_H = AH$。

式(6-7)中，光谱字典无法表示的误差矩阵 E 可以通过划分成 $\sqrt{B_p} \times \sqrt{B_p}$ 图像块的形式，由空间字典 $D_p \in \mathbf{R}^{B_p \times K_p}$ 稀疏表示

$$E = D_p \mathrm{o} \alpha \tag{6-10}$$

其中，$\alpha \in \mathbf{R}^{K_p \times N_p}$ 为空间字典的稀疏表示系数，在图 6.4 中进行了详细描述。将式(6-10)代入式(6-7)中，可得到高分高光谱图像 X 的表示

$$X = D_s A + D_p \mathrm{o} \alpha \tag{6-11}$$

其中，光谱字典 D 以 $D_s \in \mathbf{R}^{\lambda_x \times N}$ 表示，以区别于空间字典 D_p。由此，高分高光谱图像 X 可由 D_s 和 D_p 构成的双字典稀疏表示。需要特别指出的是，这里的 D_s 和 D_p 并不是两个完全独立的字典：D_s 是由 Y_M 与 Y_H 整个图像派生的，而 D_p 是由 Y_M 与 Y_H 图像中 D_s 不能表达的剩余信息派生的，这是称 D_s 与 D_p 为"双字典"的原因。

此外，光谱字典 D_s 中的每个列向量仍可看成一个"广义"的端元，而非具有物理含义下的"纯净"端元，空间字典表达了诸如边缘和纹理之类的高频空间信息。将式(6-11)代入式(6-1)和式(6-2)中，对观测图像的描述可以重新表述为

$$Y_M = LD_s A + E_M \tag{6-12}$$

$$Y_H = D_s AH + E_H \tag{6-13}$$

$$E_M = LD_p \mathrm{o} \alpha + N_M \tag{6-14}$$

$$E_H = D_p \mathrm{o} \alpha H + N_H \tag{6-15}$$

其中，$E_M \in \mathbf{R}^{\lambda_Y \times N}$ 和 $E_H \in \mathbf{R}^{\lambda_x \times n}$ 分别为 Y_M 与 Y_H 中 D_s 不能表达的误差矩阵。以图像块的形式，式(6-14)和式(6-15)可以进一步表示为

$$\varepsilon_M = D_p \alpha L_p + n_M \tag{6-16}$$

$$\varepsilon_H = P D_p \alpha + n_H \tag{6-17}$$

其中，ε_H 和 ε_M 分别表示 E_H 和 E_M 的图像块形式，L_p 和 P 分别为图像块形式下 L 和 H 的等价表达，n_H 和 n_M 分别为 N_H 和 N_M 的等价表达。

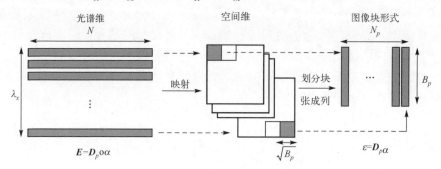

图 6.4　符号"o"定义的等价乘法表示

（1）光谱字典与光谱稀疏系数优化

为了充分利用 Y_H 的高光谱分辨率和 Y_M 的高空间分辨率信息，可以根据式(6-12)和式(6-13)进一步优化光谱字典 D_s 和稀疏系数 A。考虑到 A 的稀疏性，采用 1 范数凸近似值代替 0 范数约束，从而获得凸松弛后的优化函数

$$\arg\min_{D_s, A} \|Y_M - LD_s A\|_F^2 + \eta \|Y_H - D_s AH\|_F^2 + \lambda_1 \|A\|_1 \tag{6-18}$$

其中，η 用于平衡空间误差与光谱误差，正则化参数 λ_1 用于平衡表示误差和稀疏性。利用文献[8]和文献[9]中的收敛性迭代策略，通过分别优化以下两个子问题，可以获得上述双凸优化问题的解。

$$D_s^{k+1} = \arg\min_{D_s} \mathcal{J}(A^k, D_s) \tag{6-19}$$

$$A^{k+1} = \arg\min_{A} \mathcal{J}(A, D_s^{k+1}) \tag{6-20}$$

其中，$\mathcal{J}(A, D_s)$ 表示式(6-18)中的目标函数，k 为迭代次数。

在固定稀疏系数 A 后，光谱字典 D_s 可根据式(6-19)优化求解。式(6-19)可细化表示为

$$\arg\min_{D_s} \|Y_M - LD_s A\|_F^2 + \eta \|Y_H - D_s A_H\|_F^2 \tag{6-21}$$

其中，$A_H = AH \in \mathbf{R}^{K \times n}$。这里同样采用分裂策略，将式(6-21)中两项之和同时最小化问题转换为两项之和分别最小化问题，利用广泛应用的 ADMM 算法求解上述凸问题。此时，式(6-21)可进一步描述为

$$\arg\min_{D_s} \|Y_M - LZ\|_F^2 + \eta \|Y_H - D_s A_H\|_F^2, \quad \text{s.t.} \quad Z = D_s A \tag{6-22}$$

其分裂变量为 $Z = D_s A$。此时，式(6-22)的拉格朗日函数可以描述为

$$\mathcal{L}(\boldsymbol{D}_s, \boldsymbol{Z}, \boldsymbol{V}_1) = \|\boldsymbol{Y}_M - \boldsymbol{LZ}\|_F^2 + \eta \|\boldsymbol{Y}_H - \boldsymbol{D}_s \boldsymbol{A}_H\|_F^2$$
$$+ \mu_1 \left\| \boldsymbol{D}_s \boldsymbol{A} - \boldsymbol{Z} + \frac{\boldsymbol{V}_1}{2\mu_1} \right\|_F^2 \tag{6-23}$$

其中，$\boldsymbol{V}_1 \in \mathbf{R}^{\lambda_X \times N}$ 为拉格朗日乘子，$\mu_1 > 0$。

与式(6-18)的优化过程相似，上述拉格朗日函数的最小化可以通过分别优化以下两个子问题加以实现

$$\begin{cases} \arg\min_{\boldsymbol{Z}} \mathcal{L}(\boldsymbol{D}_s^{(k)}, \boldsymbol{Z}, \boldsymbol{V}_1^{(k)}) \\ \arg\min_{\boldsymbol{D}_s} \mathcal{L}(\boldsymbol{D}_s, \boldsymbol{Z}^{(k+1)}, \boldsymbol{V}_1^{(k)}) \end{cases} \tag{6-24}$$

可具体描述为

$$\begin{cases} \arg\min_{\boldsymbol{Z}} \|\boldsymbol{Y}_M - \boldsymbol{LZ}\|_F^2 + \mu_1 \left\| \boldsymbol{D}_s \boldsymbol{A} - \boldsymbol{Z} + \dfrac{\boldsymbol{V}_1}{2\mu_1} \right\|_F^2 \\[3mm] \arg\min_{\boldsymbol{D}_s} \eta \|\boldsymbol{Y}_H - \boldsymbol{D}_s \boldsymbol{A}_H\|_F^2 + \mu_1 \left\| \boldsymbol{D}_s \boldsymbol{A} - \boldsymbol{Z} + \dfrac{\boldsymbol{V}_1}{2\mu_1} \right\|_F^2 \end{cases} \tag{6-25}$$

其中，拉格朗日乘子的更新可以表示为

$$\boldsymbol{V}_1^{(k+1)} = \boldsymbol{V}_1^{(k)} + \mu_1 (\boldsymbol{D}_s \boldsymbol{A}^{(k+1)} - \boldsymbol{Z}^{(k+1)}) \tag{6-26}$$

更进一步，令偏导数 $\partial \mathcal{L}/\partial \boldsymbol{Z}$ 和 $\partial \mathcal{L}/\partial \boldsymbol{D}_s$ 等于零，则式(6-25)中的优化问题等价于

$$\begin{cases} 2\boldsymbol{L}^{\mathrm{T}} \boldsymbol{LZ} - 2\boldsymbol{L}^{\mathrm{T}} \boldsymbol{Y}_L + \mu_1 \left(2\boldsymbol{Z} - 2\left(\boldsymbol{D}_s \boldsymbol{A} + \dfrac{\boldsymbol{V}_1}{2\mu_1} \right) \right) = 0 \\[3mm] \eta(\boldsymbol{D}_s \boldsymbol{A}_H \boldsymbol{A}_H^{\mathrm{T}} - \boldsymbol{Y}_H \boldsymbol{A}_H^{\mathrm{T}}) + \mu_1 \left(\boldsymbol{D}_s \boldsymbol{A} \boldsymbol{A}^{\mathrm{T}} + \left(\dfrac{\boldsymbol{V}_1}{2\mu_1} - \boldsymbol{Z} \right) \boldsymbol{A}^{\mathrm{T}} \right) = 0 \end{cases} \tag{6-27}$$

此时，光谱字典 $\boldsymbol{D}_s$ 可通过如下优化后的解析解更新

$$\begin{cases} \boldsymbol{Z} = (\boldsymbol{L}^{\mathrm{T}} \boldsymbol{L} + \mu_1 \boldsymbol{I})^{-1} \left[\boldsymbol{L}^{\mathrm{T}} \boldsymbol{Y}_M + \mu_1 \left(\boldsymbol{D}_s \boldsymbol{A} + \dfrac{\boldsymbol{V}_1}{2\mu_1} \right) \right] \\[3mm] \boldsymbol{D}_s = \left[\eta \boldsymbol{Y}_H \boldsymbol{A}_H^{\mathrm{T}} + \mu_1 \left(\boldsymbol{Z} - \dfrac{\boldsymbol{V}_1}{2\mu_1} \right) \boldsymbol{A}^{\mathrm{T}} \right] (\eta \boldsymbol{A}_H \boldsymbol{A}_H^{\mathrm{T}} + +\mu_1 \boldsymbol{A} \boldsymbol{A}^{\mathrm{T}})^{-1} \end{cases} \tag{6-28}$$

在获得光谱字典 $\boldsymbol{D}_s$ 的估计后，可通过优化式(6-20)求解光谱稀疏系数 $\boldsymbol{A}$。此时，式(6-20)可以具体写为

$$\arg\min_{\boldsymbol{A}} \|\boldsymbol{Y}_M - \boldsymbol{D}_L \boldsymbol{A}\|_F^2 + \eta \|\boldsymbol{Y}_H - \boldsymbol{D}_s \boldsymbol{A} \boldsymbol{H}\|_F^2 + \lambda_1 \|\boldsymbol{A}\|_1 \tag{6-29}$$

其中，低光谱分辨率字典 $\boldsymbol{D}_L = \boldsymbol{LD}_s$ 表示光谱维退化过程。与式(6-21)的优化过程相

似，分裂策略同样应用于式(6-29)，使其迭代最小化式(6-29)中的每一项。此时，式(6-29)可重写为

$$\arg\min{}_A \left\| \boldsymbol{Y}_M - \boldsymbol{D}_L \boldsymbol{S} \right\|_F^2 + \eta \left\| \boldsymbol{Y}_H - \boldsymbol{B} \boldsymbol{H} \right\|_F^2 + \lambda_1 \left\| \boldsymbol{A} \right\|_1$$
$$\text{s.t. } \boldsymbol{S} = \boldsymbol{A}, \quad \boldsymbol{B} = \boldsymbol{D}_S \boldsymbol{S} \tag{6-30}$$

其中，$\boldsymbol{S} = \boldsymbol{A}$ 和 $\boldsymbol{B} = \boldsymbol{D}_S \boldsymbol{S}$ 为分裂变量。通过利用拉格朗日乘子 $\boldsymbol{V}_2 \in \mathbf{R}^{\lambda_x \times N}$ 和 $\boldsymbol{V}_3 \in \mathbf{R}^{\lambda_x \times N}$（$\mu_2 > 0$），光谱稀疏系数矩阵 $\boldsymbol{A}$ 可通过如下优化后的闭式解更新

$$\begin{cases} \boldsymbol{A} = \text{soft}\left(\boldsymbol{S}^{(k)} + \dfrac{\boldsymbol{V}_3^{(k)}}{2\mu_2}, \dfrac{\lambda_1}{2\mu_2} \right) \\[3mm] \boldsymbol{B} = \left[\eta \boldsymbol{Y}_H \boldsymbol{H}^{\mathrm{T}} + \mu_2 \left(\boldsymbol{D}_s \boldsymbol{S}^{(k)} + \dfrac{\boldsymbol{V}_2^{(k)}}{2\mu_2} \right) \right] (\mu_2 \boldsymbol{I} + \eta \boldsymbol{H} \boldsymbol{H}^{\mathrm{T}})^{-1} \\[3mm] \boldsymbol{S} = (\boldsymbol{D}_L^{\mathrm{T}} \boldsymbol{D}_L + \mu_2 \boldsymbol{I} + \mu_2 \boldsymbol{D}_s^{\mathrm{T}} \boldsymbol{D}_s)^{-1} \left[\boldsymbol{D}_L^{\mathrm{T}} \boldsymbol{Y}_M + \mu_2 \left(\boldsymbol{A} - \dfrac{\boldsymbol{V}_3^{(k)}}{2\mu_2} \right) + \mu_2 \boldsymbol{D}_s^{\mathrm{T}} \left(\boldsymbol{B} - \dfrac{\boldsymbol{V}_2^{(k)}}{2\mu_2} \right) \right] \end{cases} \tag{6-31}$$

(2) 空间字典与空间稀疏系数优化

优化求取光谱字典 $\boldsymbol{D}_s$ 与稀疏系数 $\boldsymbol{A}$ 后，空间字典 $\boldsymbol{D}_p$ 可由 $\boldsymbol{E}_H$ 和 $\boldsymbol{E}_M$ 提供的剩余空间信息加以求解。由于图像块形式下等价矩阵 $\boldsymbol{L}_p$ 和 $\boldsymbol{P}$ 较难获取，本节所提方法将不把 $\boldsymbol{L}_p$ 和 $\boldsymbol{P}$ 作为先验信息。经过光谱退化，式(6-17)可以重写为

$$\varepsilon_H \boldsymbol{L}_p = \boldsymbol{P} \boldsymbol{D}_p \alpha \boldsymbol{L}_p + n_H \boldsymbol{L}_p \tag{6-32}$$

由式(6-16)和式(6-32)可以看出，空间字典 $\boldsymbol{D}_p$ 和空间退化的空间字典 $\boldsymbol{P}\boldsymbol{D}_p$ 可以分别稀疏表示 ε_M 和 $\varepsilon_H \boldsymbol{L}_p$。因此，空间字典可以通过最小化下式获得

$$\arg\min{}_{\boldsymbol{D}_p} \left\| \varepsilon_M - \boldsymbol{D}_p \alpha_p \right\|_F^2 + \beta \left\| \varepsilon_H \boldsymbol{L}_p - \boldsymbol{P}\boldsymbol{D}_p \alpha_p \right\|_F^2 + \lambda \left\| \alpha_p \right\|_0 \tag{6-33}$$

可进一步写为

$$\arg\min{}_{\widetilde{\boldsymbol{D}}_p} \left\| \varepsilon_p - \widetilde{\boldsymbol{D}}_p \alpha_p \right\|_F^2 + \lambda \left\| \alpha_p \right\|_0$$
$$\text{s.t. } \widetilde{\boldsymbol{D}}_p = \begin{bmatrix} \beta \boldsymbol{PD} \\ \boldsymbol{D}_p \end{bmatrix}, \quad \varepsilon_p = \begin{bmatrix} \beta \varepsilon_H \boldsymbol{L}_p \\ \varepsilon_M \end{bmatrix} \tag{6-34}$$

其中，β（$\beta > 0$）为权重因子。在求解上述 l_0 约束的非凸优化问题中，可使用已广泛应用的 OMP 算法和 K-SVD 算法。由此求得的空间字典 $\boldsymbol{D}_p = [\boldsymbol{0} \ \boldsymbol{I}] \widetilde{\boldsymbol{D}}_p$，退化后的空间字典 $\boldsymbol{P}\boldsymbol{D}_p = 1 / \beta [\boldsymbol{0} \ \boldsymbol{I}] \widetilde{\boldsymbol{D}}_p$。另外，K-SVD 算法可以同时获得退化后的稀疏系数 $\alpha_p = \alpha \boldsymbol{L}_p$。

获得优化的空间字典 $\boldsymbol{D}_p$ 后，空间稀疏系数 α 可由式(6-16)和式(6-17)优化求解。考虑到 α 的稀疏性，采用 1 范数凸近似值代替 0 范数约束，从而获得凸松弛后的优化函数

$$\arg\min_\alpha \left\| \varepsilon_H - \boldsymbol{PD}_p\alpha \right\|_F^2 + \beta \left\| \varepsilon_M - \boldsymbol{D}_p\alpha \boldsymbol{L}_p \right\|_F^2 + \lambda_2 \left\| \alpha \right\|_1 \tag{6-35}$$

利用已获得的退化后空间字典 $\boldsymbol{PD}_p$ 和退化后稀疏系数 $\alpha\boldsymbol{L}_p$，上述优化问题可以简化为

$$\arg\min_\alpha \left\| \varepsilon_H - \boldsymbol{PD}_p\alpha \right\|_F^2 + \lambda_2 \left\| \alpha \right\|_1 \tag{6-36}$$

与式(6-21)和式(6-29)的优化方式相似，分裂策略同样应用于式(6-36)，使其迭代最小化式(6-36)中的每一项。此时，式(6-36)可重写为

$$\arg\min_\alpha \left\| \varepsilon_H - \boldsymbol{PD}_p\alpha \right\|_F^2 + \lambda_2 \left\| \gamma \right\|_1 \\ \text{s.t. } \alpha = \gamma \tag{6-37}$$

其中，$\alpha = \gamma$ 为分裂变量。由此，通过利用拉格朗日乘子 $\boldsymbol{V}_4 \in \mathbf{R}^{K_p \times N_p}$（$\mu_3 > 0$），光谱稀疏系数矩阵 α 可通过如下优化后的闭式解更新

$$\begin{cases} \gamma = \text{soft}\left(\alpha^{(k)} + \dfrac{\boldsymbol{V}_4^{(k)}}{2\mu_3}, \dfrac{\lambda_2}{2\mu_3} \right) \\ \alpha = [(\boldsymbol{PD}_p)^{\mathrm{T}} \boldsymbol{PD}_p + \mu_3]^{-1}\left[(\boldsymbol{PD}_p)^{\mathrm{T}} \varepsilon_H + \mu_3\left(\gamma - \dfrac{\boldsymbol{V}_4^{(k)}}{2\mu_3} \right) \right] \end{cases} \tag{6-38}$$

综上所述，本节所提方法利用优化双字典 $\boldsymbol{D}_s$ 和 $\boldsymbol{D}_p$，以及相应的稀疏系数 $\boldsymbol{A}$ 和 α，将光谱信息和高频空间信息解析性地融合到了最终的高分高光谱图像中。该方法充分利用了低分高光谱图像的光谱维稀疏性以及高分多光谱图像的空间维稀疏性，实现了融合重建高质量高分高光谱图像的目的。

本节提出的基于稀疏表示与双字典的多光谱与高光谱图像融合方法（Hyperspectral and Multispectral Image Fusion using Optimized Twin Dictionaries, OTD）的总体框架如图 6.5 所示。

步骤 1：输入高分多光谱图像 $\boldsymbol{Y}_M$、低分高光谱图像 $\boldsymbol{Y}_H$、光谱响应函数 $\boldsymbol{L}$、空间模糊和下采样函数 $\boldsymbol{H}$，设置参数 λ_1、λ_2、μ_1、μ_2、μ_3，设置光谱和空间字典列数 K 和 K_p，以及迭代次数 T_s、T_p；

步骤 2：通过式(6-28)求解光谱字典 $\boldsymbol{D}_s$，迭代 T_s 次后终止；

步骤 3：通过式(6-31)求解光谱稀疏系数矩阵 $\boldsymbol{A}$，迭代 T_s 次后终止；

步骤 4：通过 $\boldsymbol{E}_H = \boldsymbol{Y}_H - \boldsymbol{D}_s\boldsymbol{A}\boldsymbol{H}$ 计算误差矩阵 $\boldsymbol{E}_H$；

步骤 5：通过 $\boldsymbol{E}_M = \boldsymbol{Y}_M - \boldsymbol{L}\boldsymbol{D}_s\boldsymbol{A}$ 计算误差矩阵 $\boldsymbol{E}_M$；

步骤 6：通过式(6-34)求解空间字典 $\boldsymbol{D}_p$；

步骤 7：通过式(6-38)求解空间稀疏系数矩阵 α，迭代 T_p 次后终止；

步骤 8：输出重建高分高光谱图像 $\widehat{\boldsymbol{X}} \leftarrow \boldsymbol{D}_s\boldsymbol{A} + \boldsymbol{D}_p \text{o} \alpha$。

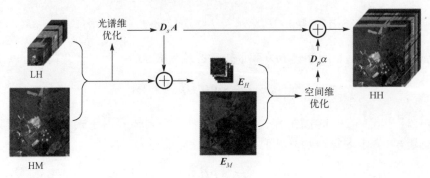

图 6.5　OTD 方法总体框架

6.1.3　实验结果和分析

　　为了验证本章所提 OTD 方法的有效性，本节在多个常用数据上，对所提方法以及其他相关方法进行了实验对比和分析。本节选取了 G-SOMP+方法[10]、FUSE 方法[11]、无偏风险估计融合法方法[12]、LACRF 方法[13]、NSSR 方法[14]、NFSREE 方法[15]以及 IHSB 方法[16]作为对比方法。其中，IHSB 方法与 LACRF 方法基于高光谱锐化/全色锐化(Hypersharpening/Pansharpening)，将全色图像与高光谱/多光谱图像融合推广到多光谱与高光谱图像融合；FUSE 方法在高斯先验假设下，由 Sylvester方程和贝叶斯估计快速获得融合后高分高光谱图像；G-SOMP+和 NSSR 方法的端元矩阵是在非负约束下求解的，其每个原子是具有物理含义的"纯净"端元；NFSREE算法的光谱字典是在稀疏框架下求解的，其每个原子是一个"广义"的端元。以上对比方法都只采用了光谱或空间字典。作为图像质量评价指标，本节采用了均方误差(MSE)，峰值信噪比(PSNR)、通用图像质量指数(Universal Image Quality Index，UIQI)、光谱角(SAM)、相对维数综合误差(Relative Dimensionless Global Error in Synthesis，ERGAS)和平均结构相似性(ASSIM)六种常用指标，在有参考图像条件下对各算法的融合重建效果进行全参考定量评价。这里，对于参考图像 $\boldsymbol{X} \in \mathbf{R}^{\lambda_x \times N}$ 与重建图像 $\widehat{\boldsymbol{X}} \in \mathbf{R}^{\lambda_x \times N}$，ERGAS 可定义为

$$\text{ERGAS}(\boldsymbol{X}, \widehat{\boldsymbol{X}}) = 100 d \sqrt{\frac{1}{\lambda_x} \sum_{i=1}^{\lambda_x} \frac{\|\boldsymbol{a}_i - \hat{\boldsymbol{a}}_i\|_2^2}{\left(\frac{1}{N} \sum_{j=1}^{N} \boldsymbol{a}_i\right)^2}} \tag{6-39}$$

其中，$\boldsymbol{a}_i = [a_{i1}, a_{i2}, \cdots, a_{iN}]$ 和 $\hat{\boldsymbol{a}}_i = [a_{i1}, a_{i2}, \cdots, a_{iN}]$ 分别为参考和重建单波段图像张成的向量，d 为待融合图像 $\boldsymbol{Y}_M$ 与 $\boldsymbol{Y}_H$ 空间分辨率的比值。

　　(1)数据实验结果分析

　　本节实验将采用 AVIRIS 高光谱成像仪于 1996 年 7 月 5 日采集的城区高光谱图

像作为原始实验数据。该图像共有 224 个波段，涵盖 0.2～2.4 微米光谱范围，去掉受大气吸收和水吸收影响严重的 1～2、105～115、150～170 和 223～224 波段，本实验最终采用参考图像为尺寸为 300 像素×300 像素×93 像素的高光谱图像。空间模糊和下采样矩阵 $\boldsymbol{H}$ 由尺寸为 5 像素×5 像素、$\sigma = 3.0$ 的高斯模糊核构成，其横纵采样率为 5，根据式(6-2)生成的低分高光谱图像 $\boldsymbol{Y}_H$ 尺寸为 60 像素×60 像素×93 像素；利用涵盖可见光和近红外波段的 IKONOS-like 光谱响应函数($\lambda_Y = 4$)对参考图像进行光谱退化，根据式(6-1)生成的高分多光谱图像 $\boldsymbol{Y}_M$ 尺寸为 300 像素×300 像素×4 像素。图 6.6(a)和(b)分别给出了所生成低分高光谱图像与高分多光谱图像所对应的假彩色图，其中高光谱图像的第 49、24 和 11 波段被分别赋予红、绿、蓝。

(a)低分高光谱图像　　　　(b)高分多光谱图像　　　　(c)融合重建后的高分高光谱图像

图 6.6　融合重建前后的假彩色图像(见彩图)

本实验采用尺寸为 10 像素×10 像素的非重叠图像块，光谱与空间字典列数 K 和 K_p 分别设置为 100 和 1000；最大迭代次数 T_s 和 T_p 均设置为 10；拉格朗日函数中的参数分别设置为 $\lambda_1 = \lambda_2 = 10^{-6}$，$\eta = \beta = 10^{-1}$，$\mu_1 = 10^{-3}$，$\mu_2 = 10^{-3}$，$\mu_3 = 10^{-1}$。为了对比分析的公平性与合理性，所有对比方法均采用了相同参数与相同方法所生成的图像 $\boldsymbol{Y}_H$ 和 $\boldsymbol{Y}_M$。此外，G-SOMP+、NSSR 和 NFSREE 方法中，光谱字典列数设置为 100，这与本节所提方法相同。为实现更好的融合重建性能，对比方法的其他典型参数是根据其原始论文和代码设置的，例如，NSSR 中的迭代次数设置为 26，NFSREE 中的增强拉格朗日函数中的参数分别设置为 $\lambda = 10^{-6}$，$\mu = 10^{-3}$。

表 6.1 比较了 AVIRIS 数据下，在不同融合方法的全参考评价指标和计算时间评价结果。其中，粗体标出的数值表示该方法在相应评价指标下最优。此外，为排除图像边缘外的空白像素对评价结果的影响，在计算全参考评价指标时，图像边缘处的 2 行/2 列像素被排除在外。可以看出，本节所提 OTD 方法在空间和光谱维上均显示出比其他对比方法更好的融合性能。具体地，与其他对比方法相比，本节所提

OTD 方法在 SAM 指标上减少了 0.19 以上，表示融合图像的光谱畸变减少了，这对于高光谱图像而言是极为重要的；同时，PSNR 指标提高了 3.1dB 以上，表明本节方法在空间细节信息重建方面具有更高的准确性。表 6.1 的最后一列对比了各方法的计算时间，FUSE 方法和基于锐化的 HISB、LACRF 方法在计算时间方面具有更好的性能，而本节所提 OTD 方法由于双字典优化的复杂性，其计算时间较长，但比 G-SOMP+、无偏风险估计融合法和 NSSR 方法的运行速度更快。

表 6.1　AVIRIS 融合结果全参考评价及计算时间对比

	MSE	PSNR	UIQI	SAM	ERGAS	ASSIM	t/s
IHSB	22.2070	34.6659	0.9396	1.8821	3.1422	0.9728	2.69
LACRF	0.9574	48.3199	0.9858	1.8461	0.7789	0.9922	2.87
G-SOMP+	0.8151	49.0188	0.9881	1.7622	0.7758	0.9961	75.33
无偏风险估计融合法	0.2863	53.5630	0.9924	0.9454	0.4604	0.9979	69.05
FUSE	0.3183	53.1025	0.9923	0.9980	0.4704	0.9981	**1.89**
NSSR	0.6958	49.7059	0.9949	1.5130	0.6320	0.9967	66.13
NFSREE	0.3087	53.2347	0.9921	1.0133	0.4613	0.9976	7.71
OTD	**0.1406**	**56.6519**	**0.9958**	**0.7477**	**0.3149**	**0.9985**	41.77

为了进一步评价本节所提 OTD 方法中空间字典在提升空间信息重建质量上的有效性，表 6.2 中给出了与仅使用光谱字典进行高光谱图像融合重建的对比结果。可以看出，空间字典可以进一步提高融合重建后高分高光谱图像的质量，尤其是 PSNR 指标提高了 5.8dB，即融合重建后高分高光谱图像的空间质量得到了显著提升。此外，图 6.7 中第一行显示了典型波段原始图像的误差矩阵 E，第二行显示了采用空间字典对误差矩阵的估计结果，上下两行图像之间的高度相似性也从另外一个侧面表明了本节所提方法中，空间字典对误差矩阵估计的有效性。

表 6.2　有否采用空间字典情况下 AVIRIS 融合结果对比

	MSE	PSNR	UIQI	SAM	ERGAS	SSIM	t/s
仅 D_S	0.5452	50.7650	0.9900	1.4503	0.5828	0.9978	**7.89**
OTD	**0.1406**	**56.6519**	**0.9958**	**0.7477**	**0.3149**	**0.9985**	41.77

图 6.8 给出了不同融合方法融合后高分高光谱图像所对应的假彩色图像，及其部分区域放大图。其中，融合后高分高光谱图像的第 49、24 和 11 波段分别被赋予红、绿、蓝。可以看出，本节所提 OTD 方法在空间细节重建和光谱保持方面都有较好效果，明显优于 IHSB、LACRF 和 G-SOMP+方法。从图 6.9 给出的典型像素光谱向量的重建结果可以看出，本节所提 OTD 方法在光谱重建上的准确性更高，明显优于 IHSB、FUSE 方法的重建性能。

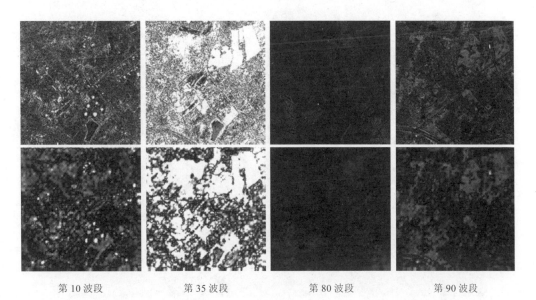

| 第 10 波段 | 第 35 波段 | 第 80 波段 | 第 90 波段 |

图 6.7　典型波段原始图像的误差矩阵(第一行)以及空间字典对误差矩阵的估计

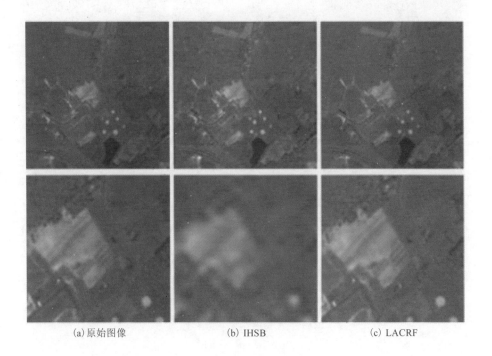

| (a) 原始图像 | (b) IHSB | (c) LACRF |

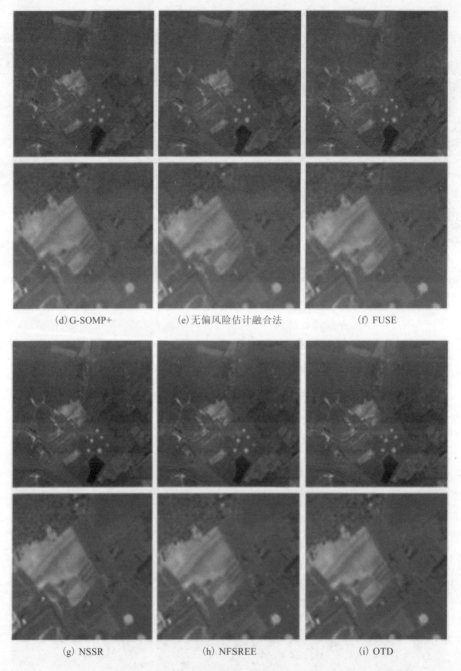

(d) G-SOMP+　　　　　(e) 无偏风险估计融合法　　　　　(f) FUSE

(g) NSSR　　　　　　　(h) NFSREE　　　　　　(i) OTD

图 6.8　AVIRIS 重建图像结果的假彩色图像(见彩图)

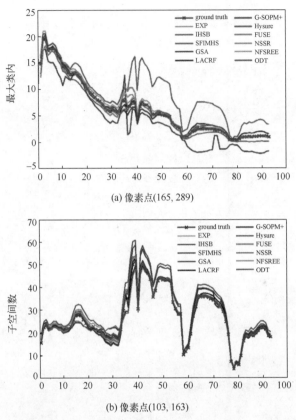

(a) 像素点(165, 289)

(b) 像素点(103, 163)

图 6.9　AVIRIS 图像典型光谱向量的重建结果(见彩图)

为了可视化不同融合方法在空间和光谱维重建的差异，图 6.10 分别给出了 AVIRIS 高光谱图像第 30 波段 MSE 指标和全波段 SAM 指标的融合误差图。图 6.10 的第一行显示了第 30 波段重建高分高光谱图像中每个像素的 MSE 误差，图 6.10 的第二行显示的是整个图像的光谱角 SAM 误差的空间分布。其中，误差图的颜色越接近深蓝色表示误差越小，越偏红色表示误差越大。与仅使用空间或光谱字典的融合方法相比，本节所提 OTD 方法在融合性能上有明显改善，尤其是图 6.10 中第一行(h)列的空间 MSE 误差明显降低，这反映了空间字典在图像融合中的重要性；而图 6.10 中第二行(h)列所示的 SAM 的降低，说明了本节方法在光谱重建中的优越性。

(2)其他数据实验结果分析

为了充分验证本节所提 OTD 方法的普适性，本节进一步采用了 ESA 公司 APEX 高光谱成像仪获取的 512 像素×614 像素×224 像素高光谱图像，以及 ROSIS 高光谱成像仪获取的 1096 像素×1096 像素×102 像素 Pavia Center 高光谱图像，进行了不同方法间的融合重建效果对比分析。同时，考虑到大气吸收和水吸收对部分波段的影响，以及计算复杂度，仅将 APEX 和 Pavia Center 数据中的 300 像素×300 像素×93 像素高光谱图像作为参考高分高光谱图像。此外，光谱响应函数、空间模糊和下采样函数以及其他所有参数都与 AVIRIS 数据实验中保持一致。

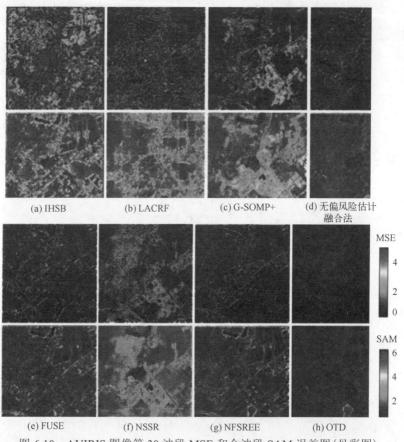

(a) IHSB　　　　　(b) LACRF　　　　　(c) G-SOMP+　　　(d) 无偏风险估计
　　　　　　　　　　　　　　　　　　　　　　　　　　　　　融合法

(e) FUSE　　　　　(f) NSSR　　　　　(g) NFSREE　　　　(h) OTD

图 6.10　AVIRIS 图像第 30 波段 MSE 和全波段 SAM 误差图（见彩图）

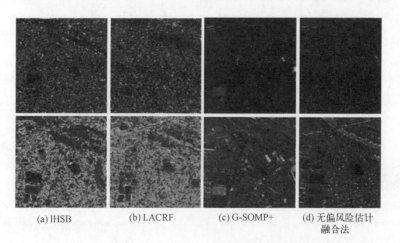

(a) IHSB　　　　　(b) LACRF　　　　　(c) G-SOMP+　　　(d) 无偏风险估计
　　　　　　　　　　　　　　　　　　　　　　　　　　　　　融合法

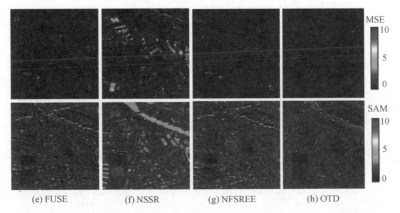

图 6.11　APEX 高光谱图像第 30 波段 MSE 和全波段 SAM 误差图（见彩图）

图 6.11 和图 6.12 分别可视化了 APEX 和 Pavia Center 高光谱图像的融合误差图。
图 6.11 和图 6.12 的第一行显示了第 30 波段重建高分高光谱图像中每个像素 MSE

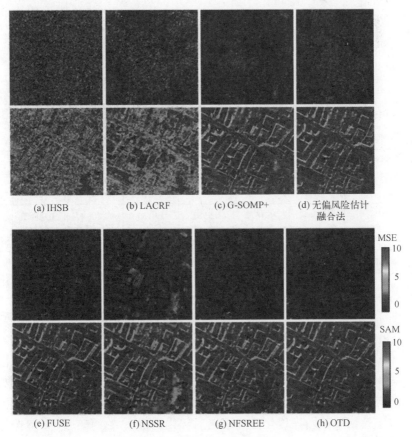

图 6.12　Pavia Center 高光谱图像第 30 波段 MSE 和全波段 SAM 误差图（见彩图）

误差的空间分布，可以看出，本节所提 OTD 方法在空间信息重建方面表现最好，MSE 误差最小。图 6.11 和图 6.12 的第二行显示的是整个图像的光谱角 SAM 误差的空间分布。由此可见，本节 OTD 方法的光谱畸变 SAM 最小，在光谱信息重建中具有最高准确性。此外，在排除边缘像素后，表 6.3 给出了不同方法下 APEX 和 Pavia Center 数据的融合结果。通过利用双字典优化，本节所提 OTD 方法在两个常用数据的空间和光谱维上，都显示出了最好的融合性能。

表 6.3　不同融合算法下 APEX 与 Pavia Center 融合图像全参考评价指标及计算时间对比

		MSE	PSNR	UIQI	SAM	ERGAS	ASSIM	t/s
APEX	IHSB	46.7318	31.4347	0.9690	4.2644	2.9379	0.9559	2.49
	LACRF	14.9218	36.3926	0.9824	4.6390	2.9087	0.9620	2.45
	G-SOMP+	4.2817	41.8146	0.9958	1.7790	1.8289	0.9941	75.32
	无偏风险估计融合法	2.5733	44.0258	0.9975	1.5412	1.3261	0.9946	68.57
	FUSE	1.6307	46.0069	0.9982	1.3551	1.1759	0.9960	**1.58**
	NSSR	3.4827	42.7117	0.9965	1.8276	1.5976	0.9943	64.53
	NFSREE	1.6884	45.8561	0.9981	1.3872	1.1844	0.9955	7.51
	OTD	**0.9914**	**48.1682**	**0.9989**	**1.1372**	**1.0070**	**0.9970**	42.81
Pavia Center	IHSB	25.4769	34.0693	0.9743	3.6085	2.2388	0.9642	2.80
	LACRF	7.5854	39.3310	0.9918	3.7360	1.7774	0.9812	2.55
	G-SOMP+	3.9860	42.1254	0.9958	2.1983	1.3676	0.9919	66.56
	无偏风险估计融合法	2.2544	44.6005	0.9977	1.9453	1.0087	0.9935	65.18
	FUSE	1.5644	46.1872	0.9983	1.9135	0.8691	0.9947	**1.37**
	NSSR	2.6073	43.9690	0.9973	2.2141	1.0918	0.9939	62.23
	NFSREE	1.7973	45.5846	0.9981	1.9857	0.8985	0.9943	7.44
	OTD	**1.1946**	**47.3584**	**0.9986**	**1.7431**	**0.7779**	**0.9953**	40.49

为了评估关键参数变化对本节提出方法性能的影响和敏感性，本节利用 AVIRIS、APEX 和 Pavia Center 高光谱图像，对本节所提 OTD 方法进行了参数和敏感度分析。其中，关键参数包括光谱维参数：光谱字典列数 K，以及正则化参数 η、λ_1；空间维参数：空间字典列数 K_p，空间图像块尺寸 $\sqrt{B_p}$，以及正则化参数 β、λ_2；高斯噪声的信噪比 SNR 以及计算时间。需要特别指出的是，本节还讨论分析了反向优化过程的实验结果，即先优化空间字典后优化光谱字典，以显示光谱信息对高光谱图像的重要性。

　　光谱维优化时涉及的参数是影响融合重建图像光谱信息准确性的重要因素，图 6.13 (a) 给出了在三个不同数据上，融合后高分高光谱图像的 PSNR 指标随光谱字典列数 K 的变化曲线。由三条 PSNR 曲线趋势的相似性可知，在 $K>100$ 时，本节提出方法具有较稳定的重建效果。正则化参数 η 和 λ_1 对融合图像 PSNR 指标的影响如图 6.13 (b) 和 (c) 所示，实验结果表明，当参数 η 的变化范围在 $10^{-1}\sim 10^{0}$ 且参数 $\lambda_1>10^{-7}$ 时，本节所提方法在三个数据集上均具有更好的融合性能。故本实验设置参数 $K=100$，$\eta=10^{-1}$，$\lambda_1=10^{-6}$。

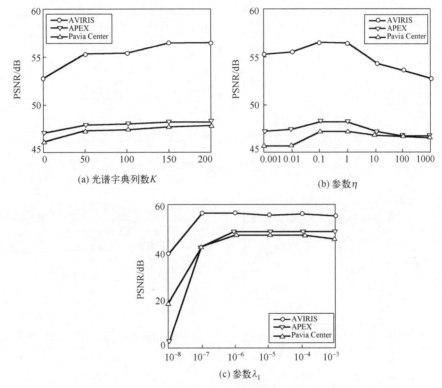

(a) 光谱字典列数 K

(b) 参数 η

(c) 参数 λ_1

图 6.13　不同参数在不同数据上的 PSNR 指标

　　空间维参数是影响融合图像空间细节信息准确性的重要因素，图 6.14 (a) 给出了融合后高分高光谱图像的 PSNR 指标随空间字典列数 K_p 变化的曲线。由实验结果可知，当 $K_p>800$ 时，本节提出方法在三个数据上均具有稳定的融合性能。此外，当 $K_p>1000$ 时，其融合性能在 PSNR 指标上的改善都是有限的。正则化参数 β 和 λ_2 对融合图像的影响如图 6.14 (b) 和 (c) 所示。由图 6.14 (b) 的纵坐标波动范围较小可知，β 的变化对重建效果的影响有限，尤其是在参数 $\beta<2.5$ 且参数 $\lambda_2<10^{-4}$ 时，本节所提 OTD 方法即使在不同的数据集上都表现出更好的融合性能。

　　此外，图 6.14 (d) 显示了不同尺寸图像块对融合性能的影响。实验结果表明，随

着的图像块尺寸 $\sqrt{B_p}$ 的增加，PSNR 曲线呈下降趋势。在这种情况下，选择较小尺寸的图像块可以获得更好的融合性能。但由于本实验中下采样率设置为 5，为了保证低分高光谱图像中图像块最小尺寸 2×2，其高分多光谱图像中最小的图像块尺寸为 10×10 像素，故本实验设置参数 $K_p = 1000$，$\beta = 10^{-1}$，$\lambda_2 = 10^{-6}$，$\sqrt{B_p} = 10$。图 6.13 和图 6.14 中的各曲线之间存在一定的相似性，可以表明本节所提 OTD 方法在不同的数据上具有较好的稳定性。因此，参数设置具有一定的通用性，适用于大多数常见情况。

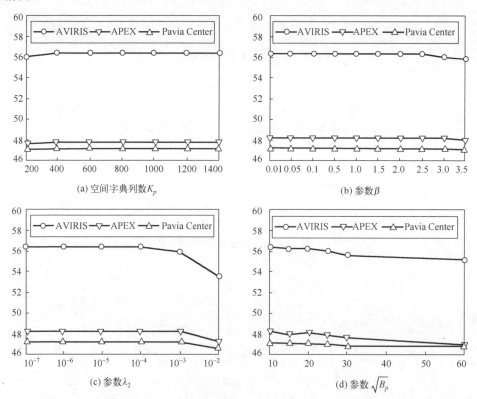

图 6.14　不同参数在 AVIRIS、APEX 和 Pavia Center 数据上的 PSNR 指标

图 6.15 显示了本节提出方法在不同信噪比 SNR 下的融合性能。实验结果表明，在不进行去噪处理或不考虑额外噪声假设的情况下，本节提出方法在 SNR 高于 45dB 时，在三个不同的数据集中均展示出稳定的高分高光谱图像重建能力。

考虑到字典训练是影响计算时间的主要因素，图 6.16 给出了 PSNR 指标随光谱与空间字典列数变化的曲线。随着光谱和空间字典列数的增加，本节提出方法的计算时间相应增加，而实际的计算时间还取决于实验中参数的设置情况。

字典优化顺序是影响融合图像质量的另一个重要因素，在本节所提 OTD 方法中，考虑到光谱信息对高光谱图像的重要性，故先进行光谱优化，后进行空间优化。但其反向优化过程，即先空间优化后光谱优化，是另一种可以考虑的融合方式。为了对比两种字典优化顺序的差异，本节对反向优化过程进行了详细的讨论和实验分析。

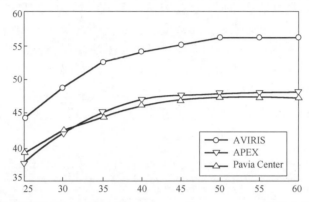

图 6.15　不同信噪比 SNR 在 AVIRIS、APEX 和 Pavia Center 数据上的 PSNR 指标

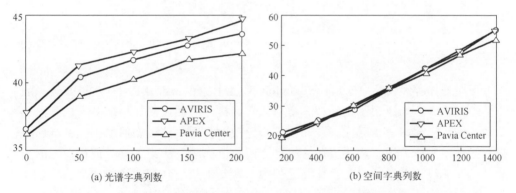

(a) 光谱字典列数　　　　　　　　　　　　　(b) 空间字典列数

图 6.16　不同信噪比 SNR 在 AVIRIS、APEX 和 Pavia Center 数据上的 PSNR 指标

反向优化过程(记为 OTDrev 方法)，其空间字典优化利用的是 Y_H 和 Y_M 的图像块提供的空间信息，而光谱字典优化利用的是 Y_H 和 Y_M 剩余部分提供的高频光谱信息。此时，式 (6-33) 和式 (6-35) 中的空间优化需要分别修改为

$$\arg\min_{D_p} \left\| \boldsymbol{\mathcal{Y}}_M - \boldsymbol{D}_p \alpha_p \right\|_F^2 + \beta \left\| \boldsymbol{\mathcal{Y}}_H L_p - \boldsymbol{PD}_p \alpha_p \right\|_F^2 + \lambda \left\| \alpha_p \right\|_0 \tag{6-40}$$

$$\arg\min_a \left\| \boldsymbol{\mathcal{Y}}_H - \boldsymbol{PD}_p \alpha \right\|_F^2 + \beta \left\| \boldsymbol{\mathcal{Y}}_M - \boldsymbol{D}_p \alpha L_p \right\|_F^2 + \lambda_2 \| \alpha \|_1 \tag{6-41}$$

其中，$\boldsymbol{\mathcal{Y}}_H$ 和 $\boldsymbol{\mathcal{Y}}_M$ 分别表示由 Y_H 和 Y_M 的图像块张成的列向量。空间优化后，剩余的光谱信息 $\bar{Y}_H$ 和 $\bar{Y}_M$ 可以分别表示为

$$\bar{Y}_H = Y_H - \boldsymbol{D}_p \mathrm{o} \alpha H \tag{6-42}$$

$$\bar{Y}_M = Y_M - L\boldsymbol{D}_p \mathrm{o} \alpha \tag{6-43}$$

此时，式(6-18)中的光谱优化进一步修改为

$$\arg\min_{D_s,A} \left\| \bar{Y}_M - LD_s A \right\|_F^2 + \eta \left\| \bar{Y}_H - D_s A H \right\|_F^2 + \lambda_1 \| A \|_1 \qquad (6-44)$$

采用相同的参数设置和相似的优化方法，表 6.4 对比了 OTD 和 OTDrev 方法在 AVIRIS 数据上的融合重建效果。可以看出，与先空间优化后光谱优化的 OTDrev 方法相比，OTD 方法在 PSNR 指标上提高了 3.1dB 以上，在 SAM 指标中降低了 0.24 以上，这说明首先优化光谱维的 OTD 方法在光谱和空间保存方面都有更好的表现。这可能是因为在融合目标为高分高光谱图像的情况下，光谱信息在 Y_M 和 Y_H 的融合过程中比空间信息重要得多。其次，与表 6.1 相比，即使在这种情况下，OTDrev 方法的融合效果仍优于大部分其他对比方法。

表 6.4   不同优化顺序下 AVIRIS 融合图像全参考评价指标对比

	MSE	PSNR	UIQI	SAM	ERGAS	ASSIM
OTDrev	0.2916	53.4833	0.9948	0.9946	0.4063	0.9975
OTD	**0.1406**	**56.6519**	**0.9958**	**0.7477**	**0.3149**	**0.9985**

6.2   基于多路神经网络学习的多光谱与高光谱图像融合方法

反向传播神经网络(Back Propagation Neural Network，BPNN)[17]以其较强的非线性映射能力已广泛用于空间超分辨率、目标检测等领域，如果把多光谱到高光谱图像的恢复重建问题也看成一种非线性光谱映射问题，那么如何把神经网络这种较强非线性映射能力用于解决上述非线性光谱映射问题就成为了一条值得探索的技术途径。在非线性光谱映射关系建立过程中，有鉴于整幅观测图像中建立这种多光谱到高光谱图像的光谱映射关系过于复杂，难以在全空间中建立一致的光谱映射关系，首先可以想到的一种解决方案是分而治之，即将光谱映射限制在若干合理的子空间中进行分别求解。为此，本节引入多路神经网络的概念，从而实现在不同子空间上分别建立相应的非线性光谱映射关系。

6.2.1   多路神经网络学习

多路神经网络由独立的多个神经网络并联构成，如图 6.17 所示。在目标问题可分解为多个并联子问题的情况下，多路神经网络的每个分支可用于处理一个子问题，具有可降低问题复杂度、可减少训练样本数量、可并行处理等优点[18]。多路神经网络的各分支具有独立并行信息处理能力，可在不同的训练数据中训练出不同的网络模型，以适用于不同的子问题。

目前，多路神经网络已广泛用于车辆分类、图像分类、姿态识别等问题中。文

献[18]和文献[19]对多支路神经网络的有效性进行了分析和验证,表明多路神经网络可以在保持较低空间和时间成本的同时获得高性能,并在回归和分类问题中验证了多路神经网络的有效性。文献[20]将车型分类问题抽象为多模态分类问题,并将其分解为多个并行子问题,由多支路 BP 网络的每个子支路处理一个子问题,从而将车型分为多类;同样对于车型分类问题,文献[21]提出采用多路卷积神经网络(CNN),通过各支路 CNN 分别独立提取图像中的不同特征,从而实现更为准确的车型分类效果。文献[22]提出将多路 3D-CNN 神经网络用于动态图像分类,由小感受野网络(Small Receptive Field Network,SRF)、中感受野网络(Medium Receptive Field Network,MRF)和大感受野网络(Large Receptive Field Network,LRF)三个支路构成,分别从不同尺寸的感受野提取空间维和时间维特征;文献[23]提出将多路回归网络用于多尺度特征提取,从而实现更为准确的遥感图像分类;文献[24]采用两路 CNN 网络分别独立地预测人体关节的置信度和亲和度,从而实现交警姿态的识别。

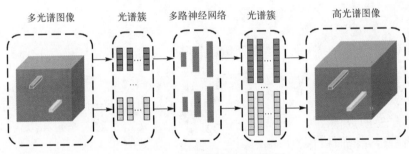

图 6.17　多路神经网络示意图

6.2.2　基于多路神经网络学习的多光谱与高光谱图像融合

在多路神经网络学习方法基础上,本节提出了基于多路神经网络学习的多光谱与高光谱图像融合方法。该方法在低空间分辨率下利用多路神经网络在不同子空间中建立了从低分多光谱图像到低分高光谱图像的光谱映射关系,并将其应用于高空间分辨率图像,在高空间分辨率图像中将光谱信息与空间信息相融合,实现了高分高光谱图像的融合重建。

(1)子空间构建及关联聚类

根据光学成像原理,观测得到的高分多光谱图像 $Y_M \in \mathbf{R}^{\lambda_y \times N}$ 和低分高光谱图像 $Y_H \in \mathbf{R}^{\lambda_x \times N}$ 可以分别表示为高分高光谱图像 $X \in \mathbf{R}^{\lambda_x \times N}$ 的光谱维和空间维退化

$$Y_M = LX + N_M \tag{6-45}$$

$$Y_H = XH + N_H \tag{6-46}$$

其中，N 和 n（$N/n=d^2$）分别表示 $\boldsymbol{Y}_M$ 和 $\boldsymbol{Y}_H$ 中各波段所含像素数量，d 为行与列方向的下采样率，λ_X 和 λ_Y（$\lambda_X \gg \lambda_Y$）分别表示 $\boldsymbol{Y}_M$ 和 $\boldsymbol{Y}_H$ 中的光谱波段数。$\boldsymbol{L} \in \mathbf{R}^{\lambda_Y \times \lambda_X}$ 为光谱响应函数，$\boldsymbol{H} \in \mathbf{R}^{N \times n}$ 为空间模糊和下采样函数，$\boldsymbol{N}_M$ 和 $\boldsymbol{N}_H$ 表示观测模型中的零均值高斯噪声。

通过对 $\boldsymbol{Y}_M$ 进行空间模糊和下采样，获得的低分多光谱图像 $\boldsymbol{Y}_{LM} \in \mathbf{R}^{\lambda_Y \times n}$ 可表示为

$$\boldsymbol{Y}_{LM} = \boldsymbol{Y}_M \boldsymbol{H} = \boldsymbol{LXH} + \boldsymbol{N}_M \boldsymbol{H} \tag{6-47}$$

将式（6-46）代入式（6-47）中，可以得到

$$\boldsymbol{Y}_{LM} = \boldsymbol{L}\boldsymbol{Y}_H + \boldsymbol{N}_{LM} \tag{6-48}$$

其中，$\boldsymbol{N}_{LM} = \boldsymbol{N}_M \boldsymbol{H} - \boldsymbol{L}\boldsymbol{N}_H$ 为零均值高斯噪声。式（6-48）可视为式（6-45）在光谱响应函数 $\boldsymbol{L}$，即光谱映射关系保持不变情况下的空间退化，这也从理论上说明，低空间分辨率图像 $\boldsymbol{Y}_{LM}$ 与 $\boldsymbol{Y}_H$ 之间的光谱映射与高空间分辨率图像 $\boldsymbol{Y}_M$ 与 $\boldsymbol{X}$ 之间的光谱映射相同。由于式（6-45）中的 $\boldsymbol{X}$ 为待重建高分高光谱图像，所以其等效光谱映射关系可根据式（6-48）求解。

鉴于式（6-48）中由 $\boldsymbol{Y}_{LM}$ 求解 $\boldsymbol{Y}_H$ 是一个无确定解的欠定问题，本节提出将光谱映射关系限制在合理的子空间中，以期望得到唯一确定的解

$$\boldsymbol{Y}_{LM}^{c(i)} = \boldsymbol{L}\boldsymbol{Y}_H^{c(i)} + \boldsymbol{N}_{LM}^{c(i)} \tag{6-49}$$

其中，$\boldsymbol{Y}_{LM}^{c(i)}$ 和 $\boldsymbol{Y}_H^{c(i)}$ 分别表示 $\boldsymbol{Y}_{LM}$ 与 $\boldsymbol{Y}_H$ 中第 i 个子空间 $c(i)$ 中的光谱簇，$i=1,\cdots,K$，K 为所有子空间数量。考虑到光谱向量相似时，其光谱映射关系也相似，且对于光谱映射而言将光谱向量作为研究对象更为直接有效，因此，本节利用类空间表达子空间，根据光谱相似性，通过聚类（Clustering）算法将多光谱图像中的光谱向量划分为若干类

$$\arg\min_{c,\mu_c} \sum_{i=1}^{K} \sum_{j=1}^{M} d(y_{LM}^j, \mu^{c(i)}), \quad y_{LM}^j \in c(i) \tag{6-50}$$

其中，$y_{LM}^j \in \mathbf{R}^{\lambda_Y}$ 表示 $\boldsymbol{Y}_{LM}$ 的第 j 列光谱向量，$\mu^{c(i)} \in \mathbf{R}^{\lambda_Y}$ 表示第 i 个子空间的聚类中心，$d(\cdot)$ 表示光谱向量 y_{LM}^j 和 $\mu^{c(i)}$ 之间的距离。本节利用光谱角衡量光谱向量之间的距离

$$d(y_{LM}^j, \mu^{c(i)}) = 1 - \cos\left(\frac{<y_{LM}^j, \mu^{c(i)}>}{\left\|y_{LM}^j\right\|_2 \left\|\mu^{c(i)}\right\|_2}\right) \tag{6-51}$$

给定子空间的数量 K，上述问题则转化为一个可以通过 k-means 算法求解的无监督聚类问题。同时，鉴于 k-means++ 算法在速度和聚类精度方面的优势，本节采用 k-means++ 算法初始化聚类中心。由式（6-48）可知，$\boldsymbol{Y}_{LM}$ 可视为 $\boldsymbol{Y}_H$ 的光谱退化，即 $\boldsymbol{Y}_{LM}$

与 $\boldsymbol{Y}_H$ 的空间维具有一一对应的关系。因此，在 $\boldsymbol{Y}_{LM}$ 的相应位置，可获得与 $\boldsymbol{Y}_{LM}^{c(i)}$ 对应的 $\boldsymbol{Y}_H^{c(i)}$。

　　需要特别指出的是，式 (6-49) 中子空间划分的目的是将相似的光谱向量聚类到同一子空间中，而非对地物类别进行准确的分类。图 6.18 给出了 AVIRIS 数据下不同子空间中典型光谱对的光谱映射关系示例。其中，第一行为多光谱图像中 3 个不同子空间的光谱簇，第二行为高光谱图像中相应的光谱簇。可以看出，同一子空间中的光谱簇非常相似，而不同子空间中的光谱簇却差异较大，这从数据层面说明，根据式 (6-49) 在每个子空间中建立光谱映射关系，比在整个空间中建立光谱映射关系更为合理。此外，图 6.19 给出了每个子空间中光谱簇的最大类内距离随子空间个数 K 的变化曲线。可见，随着子空间个数的增加，最大类内距离减小，类内光谱簇更加相似。

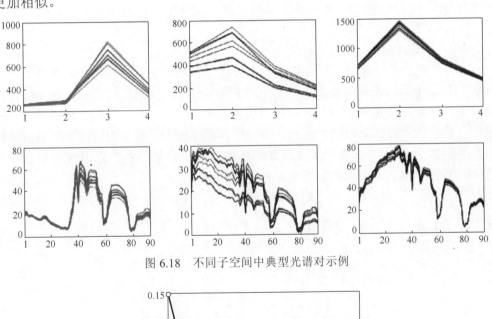

图 6.18　不同子空间中典型光谱对示例

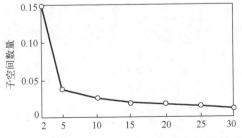

图 6.19　最大类内距离与子空间个数间的关系

　　如果 $\boldsymbol{Y}_M$ 中的光谱向量可以划分到式 (6-49) 构成的子空间中，则式 (6-45) 可以重写为

$$Y_M^{c(i)} = LX^{c(i)} + N_M^{c(i)} \tag{6-52}$$

其中，$Y_M^{c(i)}$ 和 $X^{c(i)}$ 分别为第 i 个子空间中的光谱簇。根据本节前面理论分析结论，由于在低空间分辨率图像间建立的光谱映射关系可以应用于高空间分辨率图像，所以，第 i 个子空间中建立的从 $Y_{LM}^{c(i)}$ 到 $Y_H^{c(i)}$ 的光谱映射关系，可以将高分多光谱图像 $Y_M^{c(i)}$ 映射为高分高光谱图像 $X^{c(i)}$。但这里的遗留问题是，如何将 Y_M 中的光谱向量准确地划分到式 (6-49) 构成的子空间中。为此，本节利用式 (6-50) 获得的聚类中心 $\mu^{c(i)}$，通过优化以下关联聚类问题获得 $Y_M^{c(i)}$

$$\arg\min_c \sum_{i=1}^{K} d(y_M^j, \mu^{c(i)}) \tag{6-53}$$

其中，$y_M^j \in \mathbf{R}^{\lambda_X}$ 表示 Y_M 的第 j 列光谱向量。至此，根据式 (6-49) 构建的相应子空间的光谱映射关系，高分高光谱图像 X 可通过子空间划分后的高分多光谱图像 $Y_M^{c(i)}$（$i=1,\cdots,K$）重建。

(2) 多支路 BPNN 与光谱映射

由式 (6-49) 可以看出，利用 Y_{LM} 与 Y_H 每个子空间中光谱向量构成的光谱对，可构建相应子空间的光谱映射关系。本节将式 (6-49) 中的欠定问题视为一种非线性光谱映射，并通过多支路 BPNN 分别加以构建，其中，每一子分支 BPNN 用于构建所对应子空间的非线性光谱映射关系。BPNN 具有在很少隐藏层的情况下实现很强非线性映射的能力，本节采用的多支路 BPNN 的基本结构是一个三层 BPNN，如图 6.20 所示，其输入输出节点间的非线性关系可以描述为

$$a_2 = l(w_2 g(w_1 a_0 + b_1) + b_2) \tag{6-54}$$

其中，a_0 和 a_2 分别为输入和输出，$g(\bullet)$ 表示隐藏层的非线性激活函数，$l(\bullet)$ 表示输出层的线性激活函数，（w_1, w_2, b_1, b_2）分别为权重和偏置。

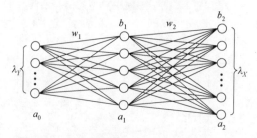

图 6.20　本节采用的三层 BPNN 基本结构

需要特别指出的是，除了 BPNN 很强的非线性映射能力之外，训练样本数量的限制也是本节采用浅层神经网络的主要原因。本节提出的针对子空间的多支路网络结构，使得由每一子空间对应光谱对所组成的训练样本数量大致等于图像空间维尺寸除以子空间数量 K。本节实验中由于 AVIRIS 成像系统所获取的图像空间尺度为

512 像素×614 像素，其空间维下采样率 $d=5$，若子空间数量为 10，则每个支路的平均训练样本数量约为 $512×614/5^2/10≈1257$。而一个 4-5-93 三层 BP 神经网络中，其不确定参数总量等于矩阵 (w_1, w_2, b_1, b_2) 的尺寸之和，为 4×5+5×93+5+93=583。由此可以看出，对于每一支路 BPNN 的训练过程来说，训练光谱对数量仅是不确定参数数量的 2~3 倍。因此，鉴于训练样本数量，不足以训练一个需要成千上万训练样本的深度神经网络。

图 6.21 给出了本节在低空间分辨率中针对子空间构建的多支路 BPNN 结构。可以看出，在每个子支路 BPNN 的训练过程中，输入 a_0 由相应子空间低分多光谱图像 $\boldsymbol{Y}_{LM}^{c(i)}$ 的光谱向量构成，输出 a_2 为相应低分高光谱图像 $\boldsymbol{Y}_{H}^{c(i)}$ 的光谱向量。

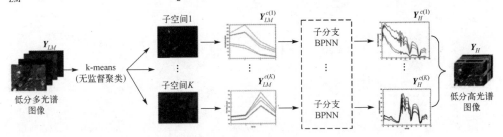

图 6.21　低空间分辨率中针对子空间构建的多支路 BPNN 结构

图 6.21 中 a_0 和 a_2 中的元素数量与 $\boldsymbol{Y}_{LM}$ 与 $\boldsymbol{Y}_H$ 中的波段数 λ_X 和 λ_Y 相同。训练后，多分支 BPNN 在 $\boldsymbol{Y}_{LM}$ 与 $\boldsymbol{Y}_H$ 图像的不同子空间中之间建立了非线性光谱映射关系。

图 6.22 给出了本节在高空间分辨率中重建高分高光谱图像的过程。如图 6.22 所示，输入 a_0 由相应子空间高分多光谱图像 $\boldsymbol{Y}_M^{c(i)}$ 的光谱向量构成。利用上述过程建立的非线性光谱映射关系，子空间 $c(i)$ 融合后光谱簇 $\widehat{\boldsymbol{X}}^{c(i)}$ 可以表示为

$$\widehat{\boldsymbol{X}}^{c(i)} = l(w_2 g(w_1 \boldsymbol{Y}_M^{c(i)} + b_1) + b_2) \tag{6-55}$$

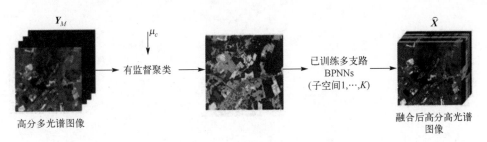

图 6.22　高空间分辨率中高分高光谱图像重建

综上所述，利用光谱映射关系在不同空间分辨率上的不变性以及神经网络的非线性映射能力，本节提出了一种基于多路神经网络学习的多光谱与高光谱图像融合方法。该方法以光谱为对象，通过关联聚类实现了不同空间分辨率下子空间划分的

一致性，利用多支路神经网络在各子空间中建立了非线性光谱映射关系，并在高空间分辨率图像中将光谱信息与空间信息相融合，实现了高分高光谱图像的重建。基于多路神经网络学习的多光谱与高光谱图像融合方法（Cluster-based Fusion Method Using Multi-branch BP Neural Networks，CF-BPNNs）的总体框架如图 6.23 所示。

步骤 1：输入高分多光谱图像 Y_M、低分高光谱图像 Y_H、空间模糊和下采样函数 H，设置子空间个数 K、迭代次数 T；

步骤 2：通过式（6-50）与式（6-51）划分低空间分辨率图像中的子空间；

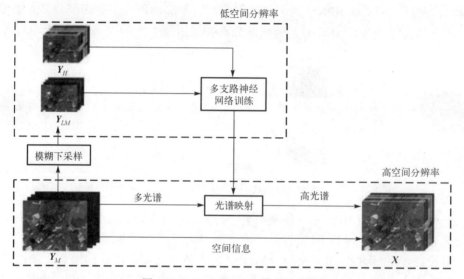

图 6.23　CF-BPNNs 方法总体框架

步骤 3：根据式（6-54）训练 K 个子空间中的光谱映射关系，迭代 T 次后终止；

步骤 4：通过式（6-53）划分高空间分辨率下相应的子空间；

步骤 5：通过式（6-55）求解 $c(i)$ 子空间融合后的光谱簇 $\widehat{X}^{c(i)}$；

步骤 6：输出融合后的高分高光谱图像

$$\widehat{X} \leftarrow \left[\widehat{X}^{c(i)} \right]_{i=1,\cdots,K}$$

6.2.3　实验结果和分析

（1）数据实验结果分析

本节实验采用 AVIRIS 高光谱成像仪于 1996 年 7 月 5 日采集的高光谱图像，涵盖 0.2～2.4 微米光谱范围，尺寸为 512 像素×614 像素×193 像素。考虑到大气吸收和水吸收对某些波段的影响以及下采样后空间维尺寸应为整数，本实验将该图像左上角尺寸为 500 像素×600 像素×93 像素的图像作为高分高光谱参考图像。利用涵盖可见光和近红外波段的 IKONOS-like 光谱响应函数（$\lambda_Y = 4$）对参考图像进行光谱退化，根据式(6-45)生成的高分多光谱图像 $\boldsymbol{Y}_M$ 尺寸为 500 像素×600 像素×4 像素。空间模糊和下采样矩阵 $\boldsymbol{H}$ 由尺寸为 5 像素×5 像素、$\sigma = 3.0$ 的高斯模糊核构成，下采样率 $d = 5$，根据式(6-46)生成的低分高光谱图像 $\boldsymbol{Y}_H$ 尺寸为 100 像素×120 像素×93 像素。图 6.24(a)和(b)分别给出了生成图像的假彩色图，其中，高光谱图像的第 49、24 和 11 波段被分别赋予了红、绿、蓝。

　　(a)低分高光谱图像　　　　　　　　(b)高分多光谱图像　　　　　　(c)融合重建后的高分高光谱图像

图 6.24　融合重建前后的假彩色图像(见彩图)

　　在光谱映射构建过程中，采用相同的空间模糊和下采样过程，根据式(6-47)生成的低分多光谱图像 $\boldsymbol{Y}_{LM}$ 尺寸为 100 像素×120 像素×4 像素。由此，用于构建光谱映射关系的训练样本由 12000 个光谱对构成。在关联光谱聚类中，为了平衡光谱相似性与每个子空间中的训练样本数量，本节将子空间数量设为 10，这意味着每个子空间训练样本数量大致为 1200 个光谱对。考虑到 BPNN 强大的非线性映射能力和训练样本数量的限制，每个子分支 BPNN 采用 4-5-93 的三层结构，其未确定参数的数量为 583。因此，本实验中每个子分支训练样本数量大致是不确定参数数量的 2 倍，可以满足 BPNN 对训练样本数量的基本要求。每个子分支 BPNN 最大训练次数设置为 100，并将训练样本数据的 15%作为验证集以防止过拟合。此外，损失函数设置为目标光谱与重建光谱之间的均方误差；隐含层采用 Sigmoid 函数作为激活函数。

　　表 6.5 比较了 AVIRIS 数据在平均 MSE、PSNR、UIQI、SAM、ERGAS 和 ASSIM 指标下不同方法的融合重建结果，其中粗体标出的数值表示对应算法在相应图像质量评价指标下最优。实验表明，与其他融合方法相比，本节所提 CF-BPNNs 方法在空间和光谱维中具有更好的融合效果。其中，平均 PSNR 指标提升了 2dB，平均 SAM 指标改善了 0.17，显示出本方法在空间和光谱保持方面的优异性能。

表 6.5　AVIRIS 数据下融合图像的全参考评价指标对比

	MSE	PSNR	UIQI	SAM	ERGAS	ASSIM
共轭非负矩阵分解融合法	1.6186	46.0395	0.9866	1.4593	1.4021	0.9951
G-SOMP+	1.0728	47.8255	0.9911	1.9503	1.2268	0.9962
无偏风险估计融合法	0.4499	51.5995	0.9933	1.0011	0.8411	0.9979
FUSE	0.5256	50.9242	0.9934	1.1477	0.8584	0.9975
LACRF	1.1300	47.6001	0.9893	1.8461	1.2623	0.9922
NFSREE	0.4426	51.6707	0.9953	1.1503	0.7849	0.9970
CF-BPNNs	**0.2764**	**53.7162**	**0.9970**	**0.8229**	**0.6259**	**0.9989**

为了进一步评价本节提出方法中引入子空间对光谱映射关系构建精度的提升作用，表 6.6 给出了有否采用子空间分割情况下的图像融合效果对比结果，并将只采用一个 BPNN 建立整个图像光谱映射关系的方法记为"F-BPNN"方法。可以看出，与 F-BPNN 方法相比，本节所提采用多个子空间的 CF-BPNNs 方法在空间维和光谱维上均表现出更准确的融合性能，即 PSNR 指标提高了 3.7dB，SAM 指标改善了 0.4°。实验结果进一步说明在每个子空间中建立光谱映射关系，比在整个空间中建立光谱映射关系更为合理。

表 6.6　有否采用子空间分割情况下 AVIRIS 数据融合效果对比

	MSE	PSNR	UIQI	SAM	ERGAS	ASSIM
F-BPNN	0.6533	49.9798	0.9929	1.2907	0.9954	0.9980
CF-BPNNs	**0.2764**	**53.7162**	**0.9970**	**0.8229**	**0.6259**	**0.9989**

图 6.25 给出了不同方法融合后第 30 波段所对应的高分高光谱图像及其某个区域的放大图。从图 6.25 的放大区域可以看出，本节所提 CF-BPNNs 方法比共轭非负矩阵分解融合法、G-SOMP+和 NFSREE 方法具有更好的空间结构重建能力。从图 6.26 给出的典型光谱向量的重建结果可以看出，本节所提 CF-BPNNs 方法在光谱重建上的准确性更高，明显优于共轭非负矩阵分解融合法、LACRF 方法的光谱重建性能。

为了可视化不同融合方法在空间维和光谱维的重建差异，图 6.27 分别给出了 AVIRIS 数据第 30 波段所对应 MSE 指标和全波段 SAM 指标的融合误差图。图 6.27 的第一行显示了第 30 波段重建高分高光谱图像中每个像素的 MSE 误差；第二行显示的是整个图像 SAM 误差的空间分布。其中，误差图的颜色越接近深蓝色表示误差越小，越偏红色表示误差越大。可以看出，本节所提 CF-BPNNs 方法在融合性能上有明显提升，尤其是图 6.27 中第二行 (g) 列中 SAM 误差明显降低，这反映了本节所提方法在光谱映射构建上的准确性；且图 6.27 中第一行 (g) 列中 MSE 指标的降低说明了本节所提方法可以更准确地重建空间信息。

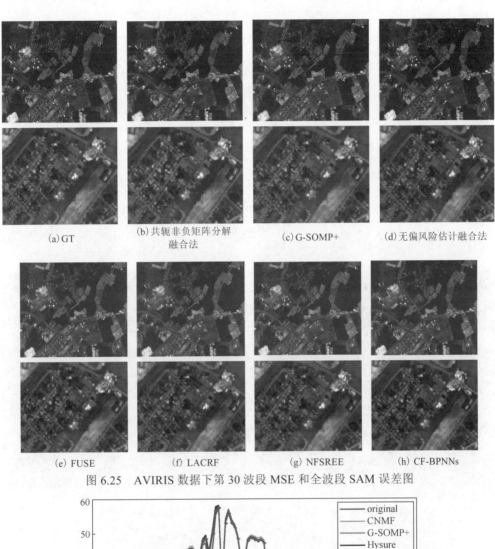

(a) GT　　　　(b) 共轭非负矩阵分解　　　(c) G-SOMP+　　　(d) 无偏风险估计融合法
融合法

(e) FUSE　　　　(f) LACRF　　　　(g) NFSREE　　　　(h) CF-BPNNs

图 6.25　AVIRIS 数据下第 30 波段 MSE 和全波段 SAM 误差图

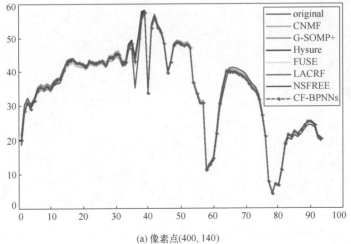

(a) 像素点(400, 140)

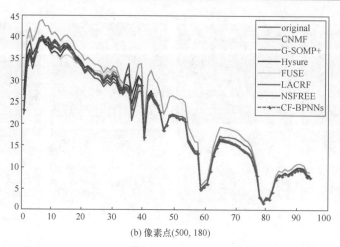

(b) 像素点(500, 180)

图 6.26　AVIRIS 数据下典型光谱向量重建结果(见彩图)

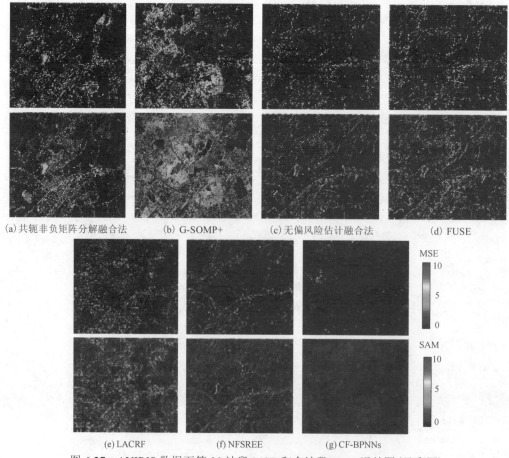

(a) 共轭非负矩阵分解融合法　　(b) G-SOMP+　　(c) 无偏风险估计融合法　　(d) FUSE

(e) LACRF　　　　　　(f) NFSREE　　　　　(g) CF-BPNNs

图 6.27　AVIRIS 数据下第 30 波段 MSE 和全波段 SAM 误差图(见彩图)

　　为了评估关键参数变化对本节所提方法性能的影响,本节对 CF-BPNNs 方法进行了参数分析,主要包括了空间数量 K、信噪比 SNR 以及空间模糊核尺寸的变化。

　　本节所提方法中子空间数量是影响光谱映射构建准确性的重要因素,在其他参数固定的情况下,图 6.28(a) 和 (b) 分别给出了融合后高分高光谱图像的 PSNR 和 SAM 指标随子空间数量 K 变化的曲线。可以看出,本节所提方法的光谱重建性能随 K 的增加而提升。当 K 介于 5~20 时,本节所提方法在空间维表现出更好的重建性能。这是由于随着子空间数量的增加,各子空间中训练样本数的减少可能会影响子分支 BPNN 的训练效果,并将进一步影响融合后高分高光谱图像的质量。另外,由于样本训练时间是本节所提方法的主要时间成本,子空间数量与样本训练时间的关系如图 6.28(c) 所示。实验结果表明,当训练样本光谱对的总量固定时,子分支 BPNN 的最大样本训练时间随子空间数量的增加而减少。

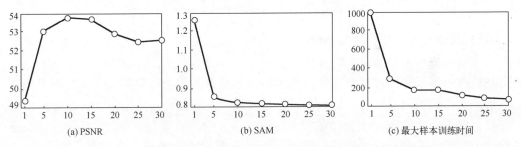

(a) PSNR　　　　　　　(b) SAM　　　　　　　(c) 最大样本训练时间

图 6.28　子空间数量与 PSNR、SAM、最大样本训练时间的关系

　　空间模糊核尺寸是影响融合图像性能的另一个方面,图 6.29 分别给出了融合后高分高光谱图像的 PSNR、SAM 和 SSIM 指标随空间模糊核尺寸变化的曲线。可以看出,随着空间模糊核尺寸的增大,尽管 PSNR 和 SAM 曲线显示出略有下降和上升的趋势,SSIM 曲线在不同尺寸上显示出非常稳定的融合性能。由于每个指标的纵坐标均限制在较小的范围内,以上实验结果表明本节所提方法在不同尺寸的空间模糊核中均具有较稳定的高分高光谱图像重建能力。

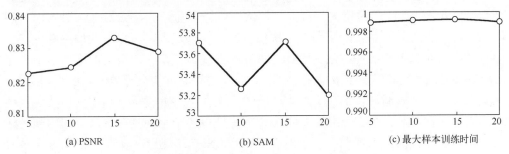

(a) PSNR　　　　　　　(b) SAM　　　　　　　(c) 最大样本训练时间

图 6.29　模糊核尺寸与 PSNR、SAM、SSIM 指标的关系

图 6.30 显示了本节所提方法在不同信噪比 SNR 下的融合性能。实验结果表明，在不进行噪声处理和不考虑额外噪声假设的情况下，本节所提方法在 SNR 高于 25dB 时显示出较稳定的高分高光谱图像重建能力。

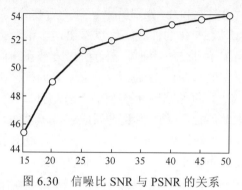

图 6.30　信噪比 SNR 与 PSNR 的关系

(2)其他数据实验结果与分析

本实验将对本节所提 CF-BPNNs 方法与 3D-CNN 方法进行对比分析。3D-CNN 方法首次提出了利用神经网络实现多光谱与高光谱图像融合的思路[25]，但由于无法实现完全相同的网络结构和参数设置，所以该方法的融合结果来源于其原始论文。在这种情况下，本实验中采用的实验图像以及评价方式均与文献[26]相同，以保证对比分析的公平性与合理性。由此，本实验将 ROSIS 高光谱成像仪所获取的 Pavia Center 数据作为高分高光谱参考图像，其尺寸为 512 像素×480 像素×102 像素，由 IKONOS-like 光谱响应函数生成的高分多光谱图像尺寸为 512 像素×480 像素×4 像素。根据文献[26]，这里同样采用三种不同类型的抽取滤波器，即双三次、双线性和最近邻滤波器，用于生成尺寸为 128 像素×120 像素×102 像素的低分高光谱图像。在本节所提方法中，采用相同的滤波器获得尺寸为 128 像素×120 像素×4 像素的相应低分多光谱图像。

表 6.7 给出了不同算法在 Pavia Center 高光谱图像上的融合结果。其中，短线表示文献[26]中没有可用的相关信息，最佳结果以粗体显示，第二最佳结果则用下划线标出。如表 6.7 所示，除采用双三次抽取滤波器外，本节所提方法均具有最好的融合效果，并且本节所提方法在 SSIM 指标中表现最佳，在所有情况下均显示出比 3D-CNN 方法更好的空间结构保持能力。由于光谱映射可能会导致一定的光谱失真，在采用双三次抽取滤波器情况下，本节所提方法在 SAM 指标下稍差，但其融合性能仍具可比性。本节方法采用的多分支 BPNN 使得各子空间具有更为合理的光谱映射关系，因此在大多数情况下本节所提 CF-BPNNs 方法在 SAM 指标下的融合效果均优于 3D-CNN 方法。此外，融合结果也表明本节所提方法在不同抽取滤波器下的鲁棒性。

表 6.7　Pavia Center 高光谱图像融合结果的全参考评价对比

	双三次滤波器			双线性滤波器			最近邻滤波器		
	ERGAS	SAM	SSIM	ERGAS	SAM	SSIM	ERGAS	SAM	SSIM
共轭非负矩阵分解融合法	2.007	3.319	0.980	1.767	2.978	0.984	4.951	6.965	0.923
G-SOMP+	2.246	3.949	0.979	2.350	4.184	0.978	2.433	5.049	0.966
无偏风险估计融合法	1.757	3.000	0.982	1.984	3.142	0.978	3.051	5.170	0.961
FUSE	1.969	3.398	0.986	1.845	2.990	0.984	2.334	4.587	0.981
LACRF	3.126	5.587	0.945	3.242	5.701	0.939	3.668	6.344	0.941
NFSREE	1.730	2.977	0.983	1.743	3.077	0.982	1.720	3.079	0.983
3D-CNN	**1.676**	**2.730**	0.988	2.069	3.022	—	3.104	3.858	—
CF-BPNNs	1.710	2.882	**0.992**	**1.737**	**2.902**	**0.992**	**1.665**	**2.812**	**0.992**

6.3　本章小结

本章分别从稀疏表示框架与网络学习框架角度出发，介绍了基于稀疏表示与双字典的多光谱与高光谱图像融合方法和基于多路神经网络学习的多光谱与高光谱图像融合方法，利用高分多光谱与低分高光谱图像实现了高分高光谱图像的重建。在多个数据上的实验结果表明，本章所提方法具有良好的融合性能，在定性对比与定量评价上与其他现有融合方法相比均有明显优势。

参 考 文 献

[1] Han X, Yu J, Xue J H, et al. Hyperspectral and multispectral image fusion using optimized twin dictionaries. IEEE Transactions on Image Processing, 2020, 29: 4709-4720.

[2] Han X L, Yun L, Sun W D, et al. Hyperspectral and multispectral image fusion using cluster-based multi-branch BP neural networks. Remote Sensing, 2019, 11(10): 1173.

[3] Han X L, Yun L, Sun W D, et al. Reconstruction from multispectral to hyperspectral image using spectral library-based dictionary learning. IEEE Transactions on Geoscience and Remote Sensing, 2019, 57(3): 1325-1335.

[4] Han X, Zhang H, Sun W. Spectral anomaly detection based on dictionary learning for sea surfaces. IEEE Geoscience and Remote Sensing Letters, 2021, 99: 1-5.

[5] Keshava N, Mustard J F. Spectral unmixing. IEEE Signal Processing Magazine, 2002, 19(1): 44-57.

[6] Pan Z, Yu J, Xiao C, et al. Single image super resolution based on adaptive multi-dictionary learning. Acta Electronica Sinica, 2015, 43(2): 209-216.

[7] Elad M, Aharon M. Image denoising via sparse and redundant representations over learned dictionaries. IEEE Transactions on Image Processing, 2006, 15(12): 3736-3745.

[8] Wang X, Xu Q Z. Robust and fast scale-invariance feature transform match of large-size multispectral image based on keypoint classification. Journal of Applied Remote Sensing, 2015, 9(1): 096028-1-096028-20.

[9] Moravec H P. Towards automatic visual obstacle avoidance//Proceedings of International Conference on Artificial Intelligence, 1977.

[10] Akhtar N, Shafait F, Mian A. Sparse spatio-spectral representation for hyperspectral image super-resolution//European Conference on Computer Vision, 2014: 63-78.

[11] Wei Q, Dobigeon N, Tourneret J Y. Fast fusion of multi-band images based on solving a Sylvester equation. IEEE Transactions on Image Processing, 2015, 24(11): 4109-4121.

[12] Simoes M, Bioucas-Dias J, Almeida L B, et al. A convex formulation for hyperspectral image superresolution via subspace-based regularization. IEEE Transactions on Geoscience and Remote Sensing, 2014, 53(6): 3373-3388.

[13] Zhao T, Zhang Y, Xue X, et al. Hyperspectral and multispectral image fusion using collaborative representation with local adaptive dictionary pair//IEEE International Geoscience and Remote Sensing Symposium, 2016: 7212-7215.

[14] Dong W, Fu F, Shi G, et al. Hyperspectral image super-resolution via non-negative structured sparse representation. IEEE Transactions on Image Processing, 2016, 25(5): 2337-2352.

[15] Han X, Luo J, Yu J, et al. Hyperspectral image fusion based on non-factorization sparse representation and error matrix estimation//IEEE Global Conference on Signal and Information Processing, 2017: 1155-1159.

[16] Selva M, Santurri L, Baronti S. Improving hypersharpening for WorldView-3 data. IEEE Geoscience and Remote Sensing Letters, 2018, 16(6): 987-991.

[17] Hecht-Nielsen R. Theory of the Backpropagation Neural Network. New York: Academic Press, 1992: 65-93.

[18] Yamashita T, Hirasawa K, Hu J. Multi-branch structure and its localized property in layered neural networks//IEEE International Joint Conference on Neural Networks, 2004.

[19] Stutz D, Hermans A, Leibe B. Superpixels: an evaluation of the state-of-the-art. Computer Vision and Image Understanding, 2018, 166: 1-27.

[20] Lin P, Xu J. Adaptive vehicle classification based on information gain and multi-branch BP neural networks//World Congress on Intelligent Control and Automation, 2006.

[21] Chen C, Cai X, Zhao Q, et al. Vehicle type recognition based on multi-branch and multi-layer features// Advanced Information Technology, Electronic and Automation Control Conference, 2017.

[22] Zhao X, Zhang H, Zhu G, et al. A multi-branch 3D convolutional neural network for EEG-based

motor imagery classification. IEEE Transactions on Neural Systems and Rehabilitation Engineering, 2019, 27(10): 2164-2177.

[23] Gui Y, Li X, Li W, et al. Multi-branch regression network for building classification using remote sensing images//IAPR Workshop on Pattern Recognition in Remote Sensing, 2018: 1-4.

[24] Wang H, Zhang Q, Du Y, et al. Traffic police pose estimation based on multi-branch network//Chinese Automation Congress, 2018.

[25] Edmund Optics. https://www. edmundoptics.com/optics.

[26] Palsson F, Sveinsson J R, Ulfarsson M O. Multispectral and hyperspectral image fusion using a 3-D-convolutional neural network. IEEE Geoscience and Remote Sensing Letters, 2017, 14(5): 639-643.

彩 图

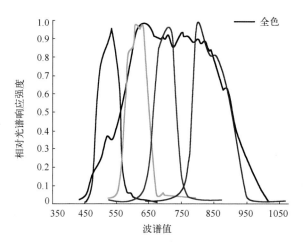

图 1.4　全色图像与多光谱波段的相对光谱响应曲线

(a) 多光谱图像　　　　　　　　　　　　　　　(b)融合图像

图 1.9　IHS 融合图像存在严重的光谱失真

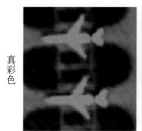  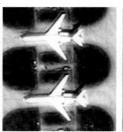 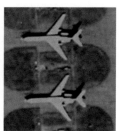

(a) 多光谱图像　　　(b) Brovey 融合法　　　(c) 小波变换融合法　　　(d) 高通滤波融合法

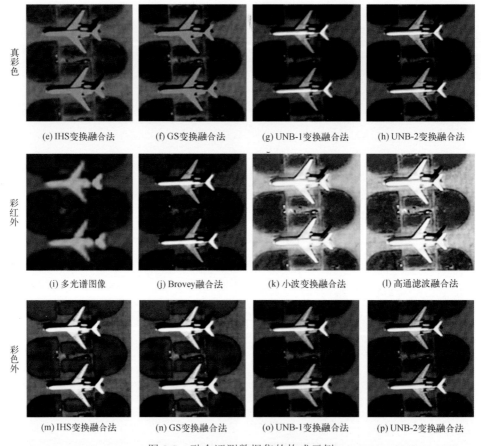

真彩色

(e) IHS变换融合法　　(f) GS变换融合法　　(g) UNB-1变换融合法　　(h) UNB-2变换融合法

彩红外

(i) 多光谱图像　　(j) Brovey融合法　　(k) 小波变换融合法　　(l) 高通滤波融合法

彩色外

(m) IHS变换融合法　　(n) GS变换融合法　　(o) UNB-1变换融合法　　(p) UNB-2变换融合法

图 2.3　融合评测数据集的构成示例

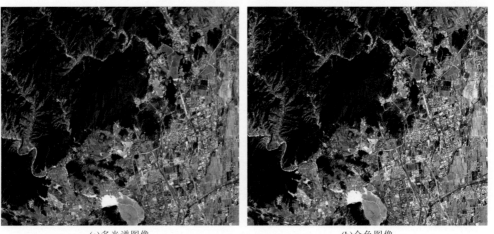

(a) 多光谱图像　　　　　　　　　　　　　　(b) 全色图像

(c)地物的相对位移很大

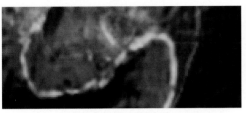

(d)地物的相对形变很大

(e)多光谱红光、绿光通道图像和全色图像的假彩色显示

图 3.1　某卫星全色与多光谱图像的相对畸变示例

(a)多光谱红光波段图像中提取的斑点

(b)多光谱绿光波段图像中提取的斑点

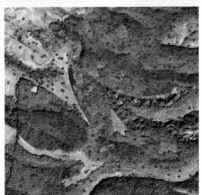

(c)全色图像中提取的斑点

图 3.2　SIFT 方法在不同波段光学遥感图像中提取的斑点示例

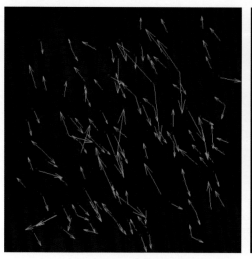

(a)从多光谱图像中海域提取的斑点   (b)从全色图像中海域提取的斑点

图 3.3   SIFT 方法在全色与多光谱图像中提取的斑点示例

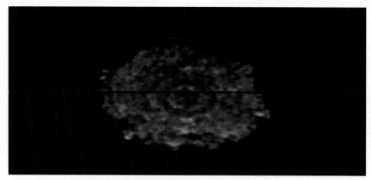

(a) 图像的第68行

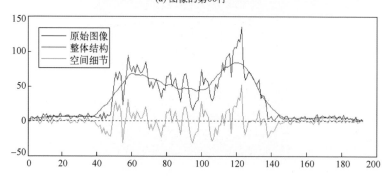

(b) 第68行横向剖面处的原始图像、整体结构和空间细节

图 4.1   原始图像、整体结构与空间细节信息的示例

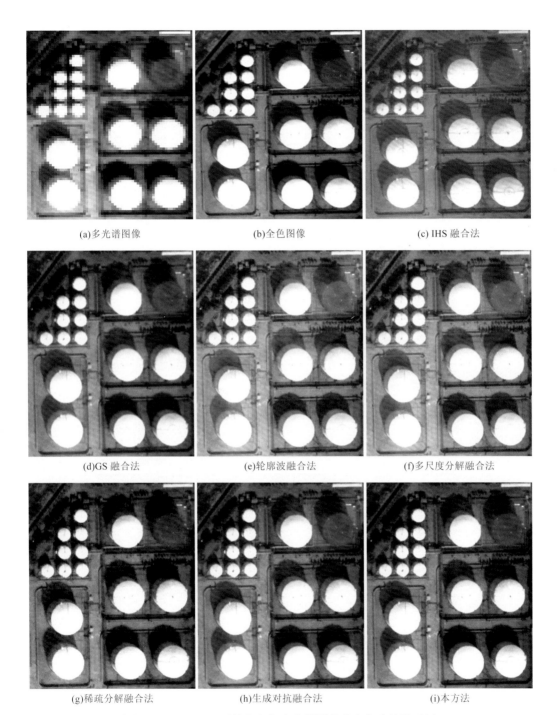

(a)多光谱图像   (b)全色图像   (c) IHS 融合法

(d)GS 融合法   (e)轮廓波融合法   (f)多尺度分解融合法

(g)稀疏分解融合法   (h)生成对抗融合法   (i)本方法

图 4.6   QuickBird 卫星全色与多光谱图像融合实验结果示例

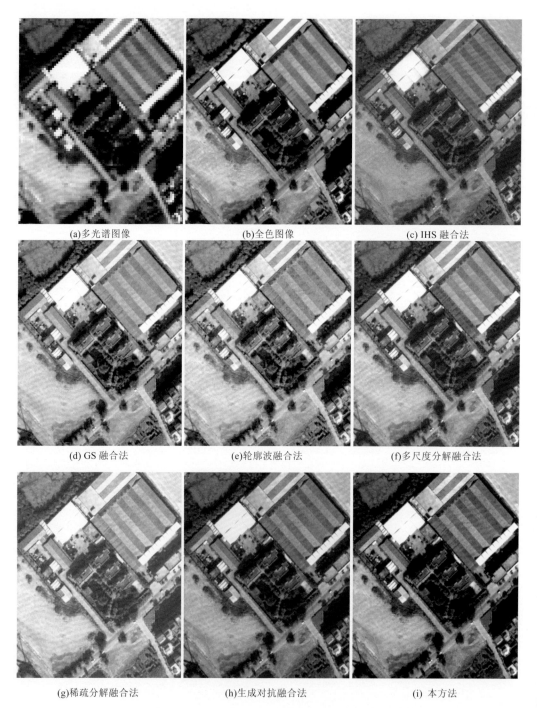

(a)多光谱图像   (b)全色图像   (c) IHS 融合法

(d) GS 融合法   (e)轮廓波融合法   (f)多尺度分解融合法

(g)稀疏分解融合法   (h)生成对抗融合法   (i) 本方法

图 4.7 高分二号卫星全色与多光谱图像融合实验结果示例

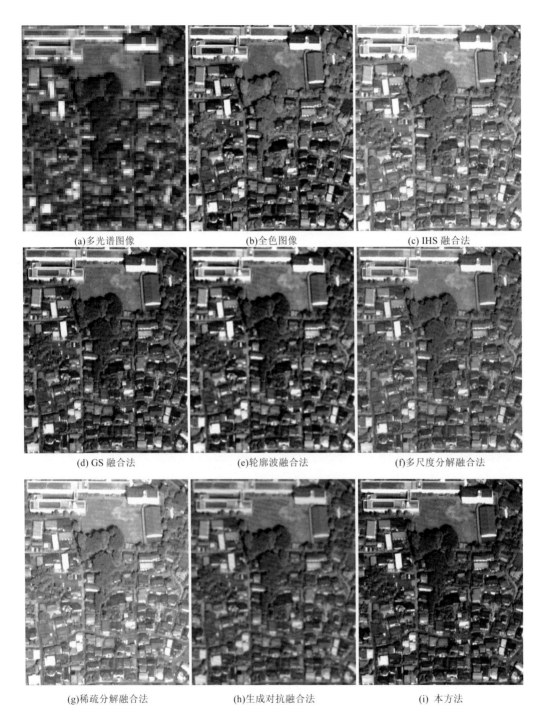

(a)多光谱图像　　　　　　　(b)全色图像　　　　　　　(c) IHS 融合法

(d) GS 融合法　　　　　　　(e)轮廓波融合法　　　　　　(f)多尺度分解融合法

(g)稀疏分解融合法　　　　　(h)生成对抗融合法　　　　　(i) 本方法

图 4.8　高景一号卫星全色与多光谱图像融合实验结果示例

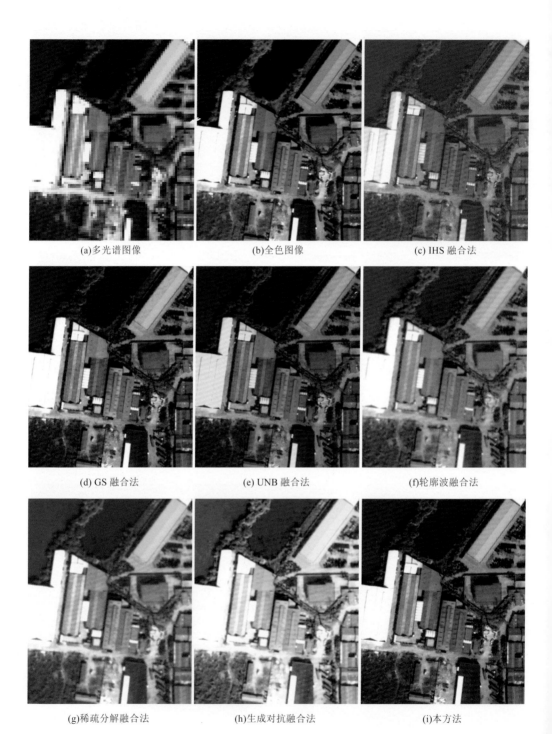

(a)多光谱图像   (b)全色图像   (c) IHS 融合法

(d) GS 融合法   (e) UNB 融合法   (f)轮廓波融合法

(g)稀疏分解融合法   (h)生成对抗融合法   (i)本方法

图 4.12　高分二号卫星全色与多光谱图像融合实验结果示例

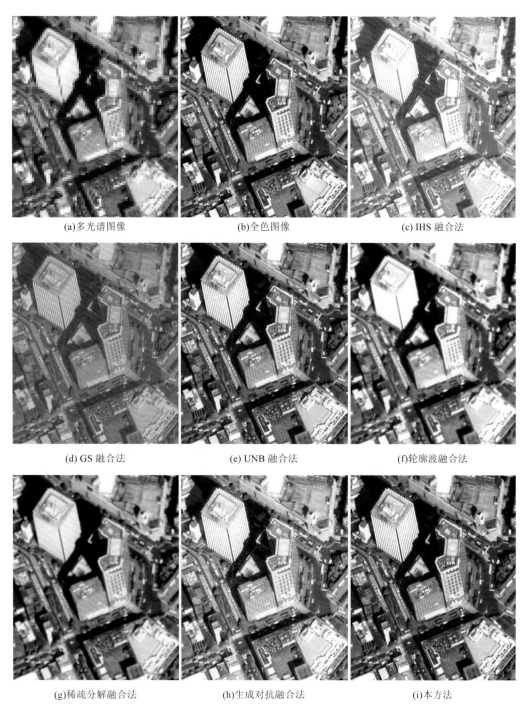

(a)多光谱图像   (b)全色图像   (c) IHS 融合法

(d) GS 融合法   (e) UNB 融合法   (f)轮廓波融合法

(g)稀疏分解融合法   (h)生成对抗融合法   (i)本方法

图 4.13　QuickBird 卫星全色与多光谱图像融合实验结果示例

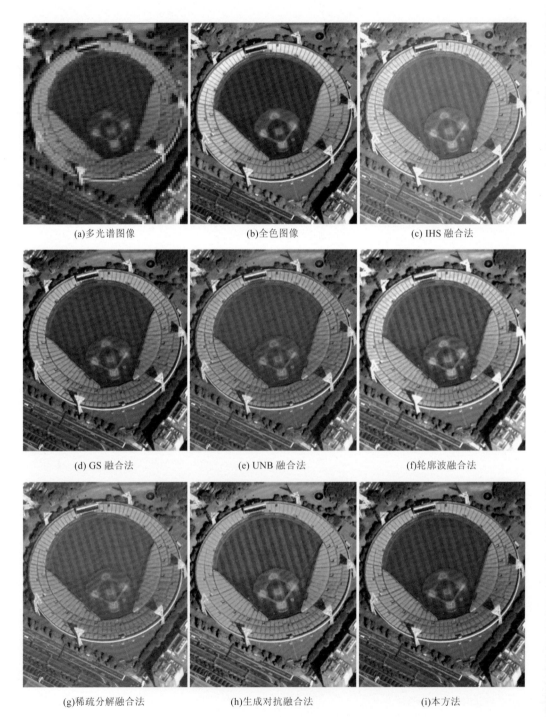

(a)多光谱图像 (b)全色图像 (c) IHS 融合法

(d) GS 融合法 (e) UNB 融合法 (f)轮廓波融合法

(g)稀疏分解融合法 (h)生成对抗融合法 (i)本方法

图 4.14　高景一号卫星全色与多光谱图像融合实验结果示例

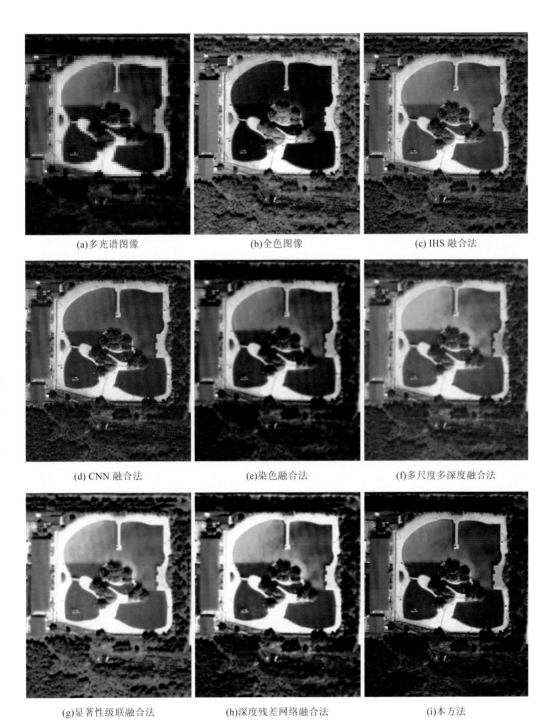

(a)多光谱图像   (b)全色图像   (c) IHS 融合法

(d) CNN 融合法   (e)染色融合法   (f)多尺度多深度融合法

(g)显著性级联融合法   (h)深度残差网络融合法   (i)本方法

图 4.25 高分二号卫星全色与多光谱图像融合实验结果示例

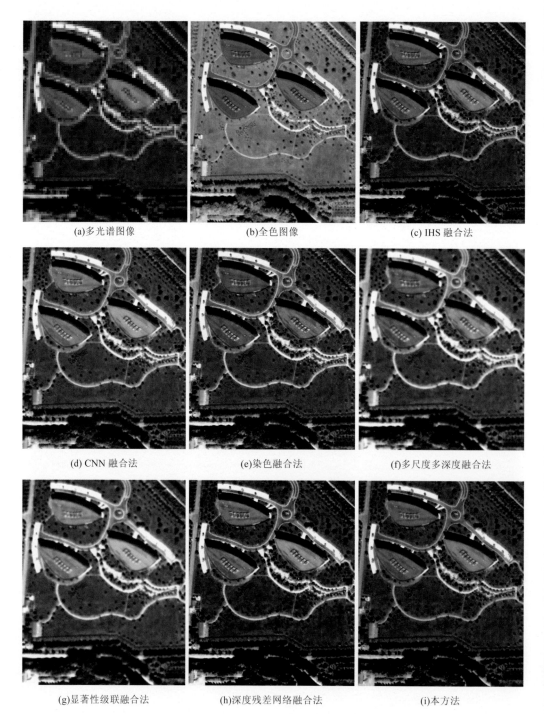

(a)多光谱图像   (b)全色图像   (c) IHS 融合法

(d) CNN 融合法   (e)染色融合法   (f)多尺度多深度融合法

(g)显著性级联融合法   (h)深度残差网络融合法   (i)本方法

图 4.26　QuickBird 卫星全色与多光谱图像融合实验结果示例

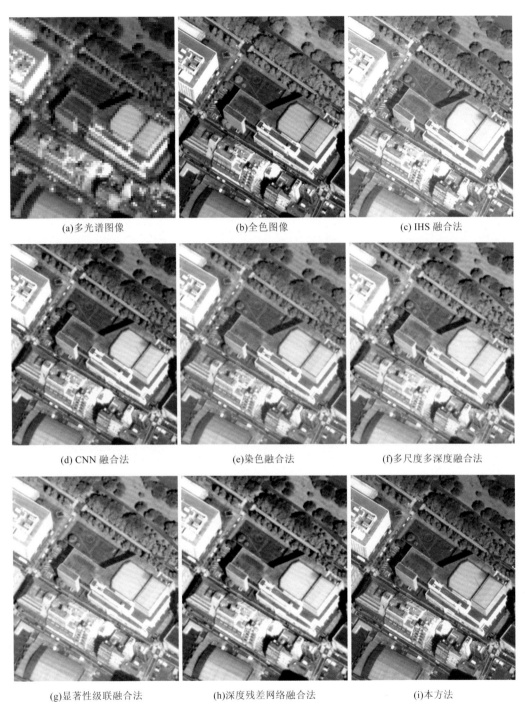

(a)多光谱图像   (b)全色图像   (c) IHS 融合法

(d) CNN 融合法   (e)染色融合法   (f)多尺度多深度融合法

(g)显著性级联融合法   (h)深度残差网络融合法   (i)本方法

图 4.27　高景一号卫星全色与多光谱图像融合实验结果示例

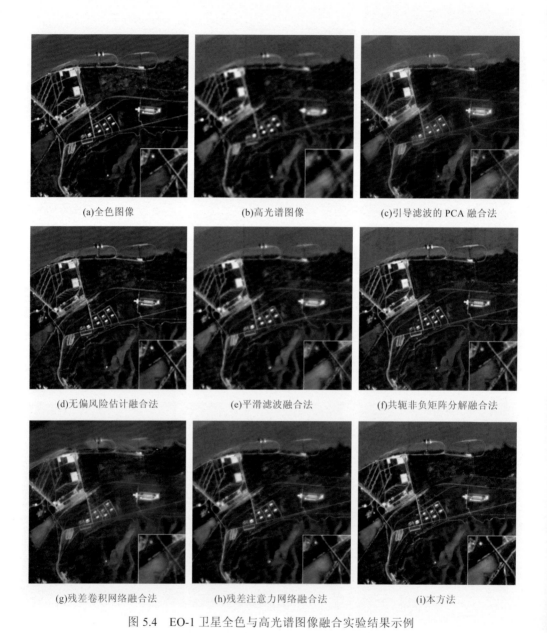

(a)全色图像 (b)高光谱图像 (c)引导滤波的 PCA 融合法

(d)无偏风险估计融合法 (e)平滑滤波融合法 (f)共轭非负矩阵分解融合法

(g)残差卷积网络融合法 (h)残差注意力网络融合法 (i)本方法

图 5.4 EO-1 卫星全色与高光谱图像融合实验结果示例

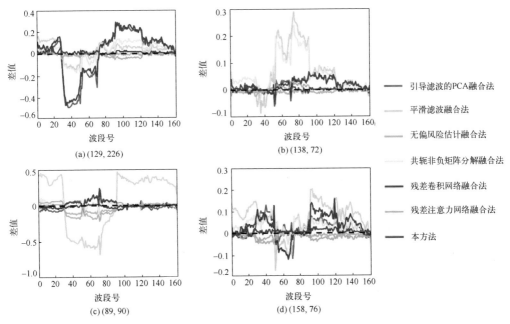

引导滤波的PCA融合法

平滑滤波融合法

无偏风险估计融合法

共轭非负矩阵分解融合法

残差卷积网络融合法

残差注意力网络融合法

本方法

(a) (129, 226)

(b) (138, 72)

(c) (89, 90)

(d) (158, 76)

图 5.5　EO-1 数据集上随机选取的 4 个位置处的光谱反射差值对比

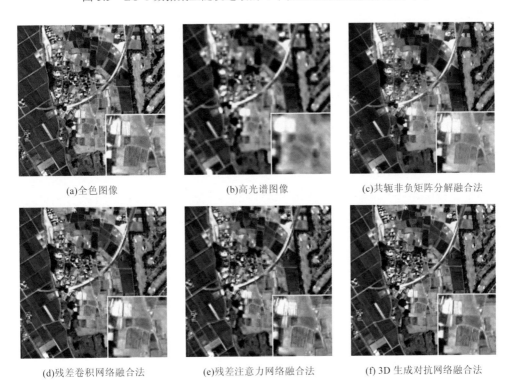

(a)全色图像　　　　　　(b)高光谱图像　　　　　(c)共轭非负矩阵分解融合法

(d)残差卷积网络融合法　　(e)残差注意力网络融合法　　(f) 3D 生成对抗网络融合法

(g)空谱联合网络融合法　　　　　　(h)比值变换融合法　　　　　　　(i)本方法

图 5.8　Chikusei 数据融合实验结果示例

(a)全色图像　　　　　　　　(b)高光谱图像　　　　　　(c)共轭非负矩阵分解融合法

(d)残差卷积网络融合法　　　(e)残差注意力网络融合法　　(f) 3D 生成对抗网络融合法

(g)空谱联合网络融合法　　　　(h)比值变换融合法　　　　　　　(i)本方法

图 5.9　天宫平台全色与高光谱图像融合实验结果示例

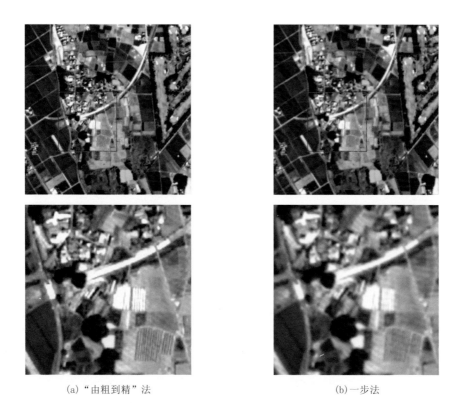

(a) "由粗到精"法   (b) 一步法

图 5.10   "由粗到精"法和一步法实验结果对比

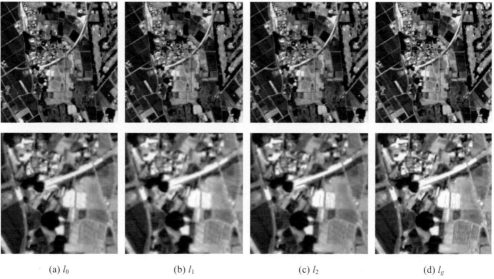

(a) l_0 (b) l_1 (c) l_2 (d) l_g

图 5.11   不同损失函数策略下的实验结果对比

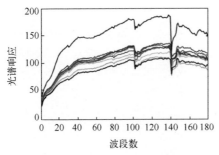

(a) AVIRIS赤铜矿数据的典型光谱   (b) 稀疏度与光谱重建误差的关系

图 6.1   AVIRIS 赤铜矿数据的光谱维稀疏性分析

(a)低分高光谱图像   (b)高分多光谱图像   (c)融合重建后的高分高光谱图像

图 6.6   融合重建前后的假彩色图像

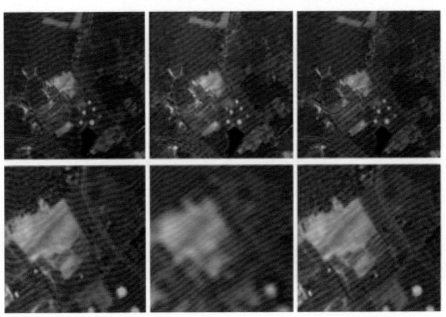

(a)原始图像   (b) IHSB   (c) LACRF

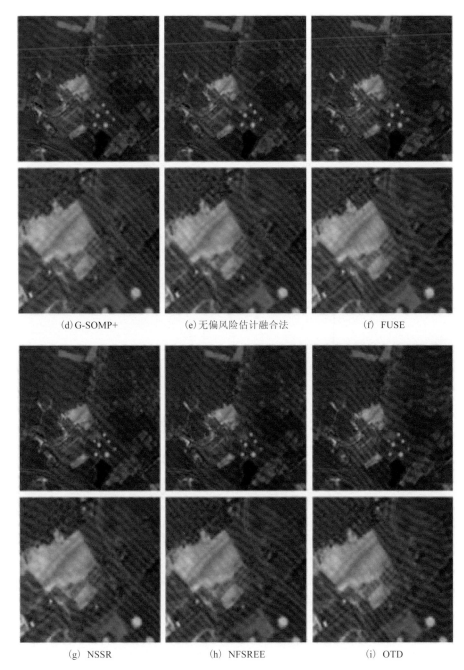

(d) G-SOMP+   (e) 无偏风险估计融合法   (f) FUSE

(g) NSSR   (h) NFSREE   (i) OTD

图 6.8　AVIRIS 重建图像结果的假彩色图像

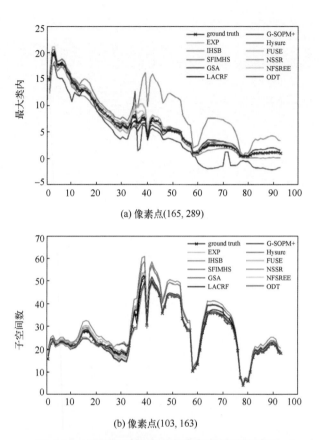

(a) 像素点(165, 289)

(b) 像素点(103, 163)

图 6.9　AVIRIS 图像典型光谱向量的重建结果

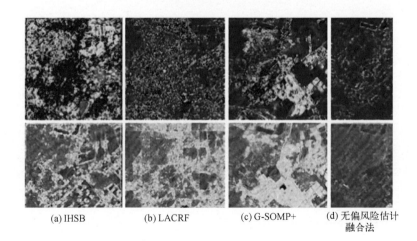

(a) IHSB　　　　(b) LACRF　　　　(c) G-SOMP+　　　　(d) 无偏风险估计
融合法

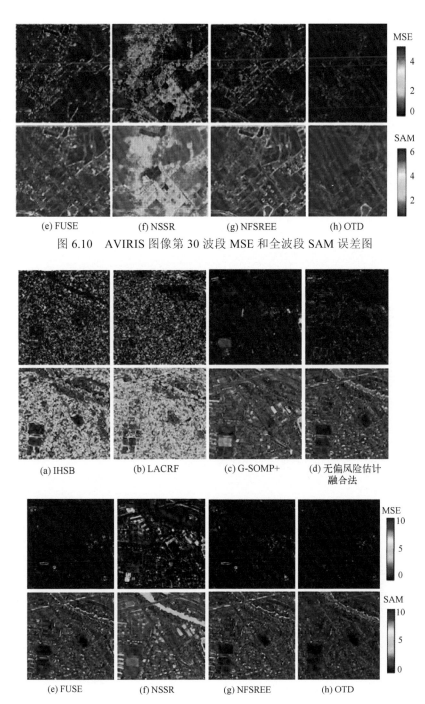

(e) FUSE　　　　(f) NSSR　　　　(g) NFSREE　　　　(h) OTD

图 6.10　AVIRIS 图像第 30 波段 MSE 和全波段 SAM 误差图

(a) IHSB　　　　(b) LACRF　　　　(c) G-SOMP+　　　　(d) 无偏风险估计
融合法

(e) FUSE　　　　(f) NSSR　　　　(g) NFSREE　　　　(h) OTD

图 6.11　APEX 高光谱图像第 30 波段 MSE 和全波段 SAM 误差图

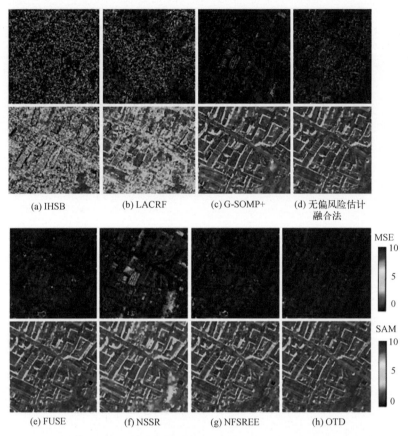

(a) IHSB	(b) LACRF	(c) G-SOMP+	(d) 无偏风险估计 融合法
(e) FUSE	(f) NSSR	(g) NFSREE	(h) OTD

图 6.12　Pavia Center 高光谱图像第 30 波段 MSE 和全波段 SAM 误差图

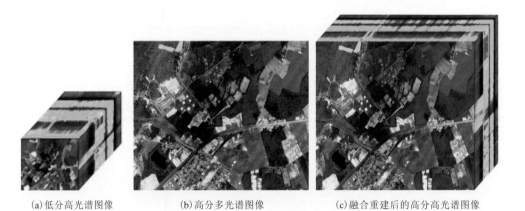

(a)低分高光谱图像　　　　(b)高分多光谱图像　　　　(c)融合重建后的高分高光谱图像

图 6.24　融合重建前后的假彩色图像

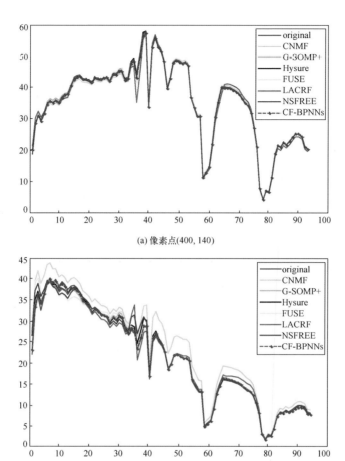

(a) 像素点(400, 140)

(b) 像素点(500, 180)

图 6.26　AVIRIS 数据下典型光谱向量重建结果

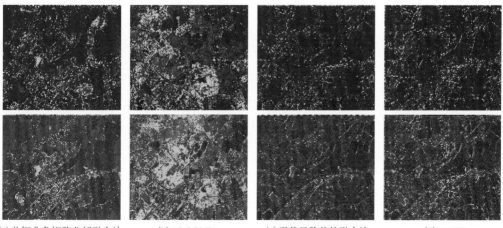

(a) 共轭非负矩阵分解融合法　　(b) G-SOMP+　　(c) 无偏风险估计融合法　　(d) FUSE

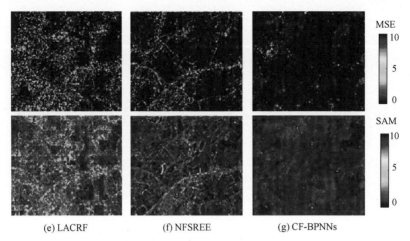

(e) LACRF   (f) NFSREE   (g) CF-BPNNs

图 6.27   AVIRIS 数据下第 30 波段 MSE 和全波段 SAM 误差图